Découvrez l'histoire par les archives de presse

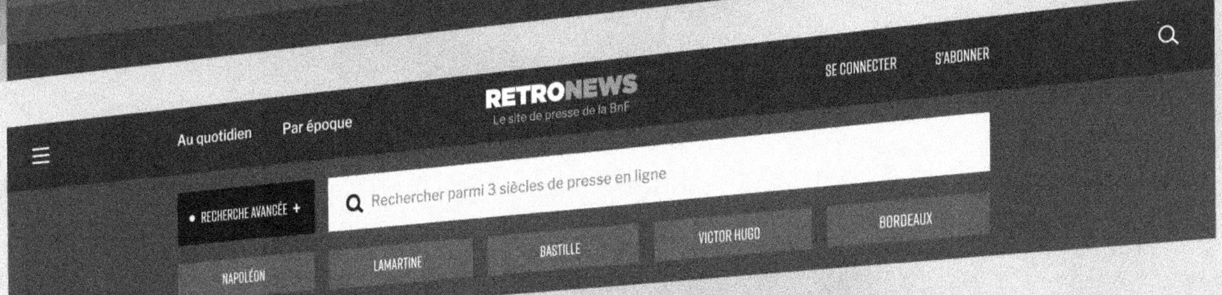

RETRONEWS
Le site de presse de la BnF
www.retronews.fr

BULLETIN DES SCIENCES

1814.

PAR

LA SOCIÉTÉ PHILOMATIQUE

DE PARIS.

Note sur deux Poissons non encore décrits du genre Callionyme
et de l'ordre des Jugulaires; *par* M. Le Sueur.

Zoologie.

Société Philomat.
Décemb. 1812.

Aux cinq espèces conservées par M. de Lacepède, dans le genre
Callionymus de Linné, et à la sixième décrite et figurée par feu M. de
Laroche (1), M. Le Sueur vient d'en ajouter deux autres qui n'ont pas
encore été observées, quoiqu'elles se trouvent sur nos côtes. Il les fait
connaître de la manière suivante.

1.º Le Callionyme risso (*Callionymus Risso*) est très-voisin du
C. dracunculus de Linné, par ses formes générales et par la disposition de ses nageoires dorsales, bien cependant que le nombre de leurs
rayons soit différent, comme on pourra en juger par le tableau qui
termine cet article, et que leur hauteur respective ne soit pas proportionnelle; en effet, dans le *C. dracunculus* la première dorsale est
un peu plus haute que la seconde, tandis que dans le *C. Risso* cette
dernière, au contraire, est du double plus élevée. Sa couleur générale
est un brun peu foncé parsemé de petites taches rondes et plus claires,
très-uniformément répandues. Sa nageoire anale est blanchâtre et bordée
de bleu. Sa ligne latérale est à-peu-près droite.

Dans cette espèce, les ouvertures des ouies sont plus écartées que
dans la suivante, d'ailleurs très-voisine, quoiqu'elle en diffère par ses
couleurs, par ses nageoires pectorales plus pointues, et par les aiguillons des opercules qui sont plus grêles et plus recourbés.

La fig. 16 (Pl. 1ʳᵉ ci-jointe) représente ce poisson en dessus et de profil, de grandeur
naturelle; la fig. 16 *a* les aiguillons des opercules grossis; et la fig. 16 *b* l'anus qui
se termine en mamelon, avec un appendice.

Ce Callionyme, dont la longueur totale n'excède pas six centimètres,
a été trouvé par M. Le Sueur sur les rivages de Nice. Il paraît que
M. Risso, auquel il a été dédié, ne l'a pas connu : du moins ce natu-

---

(1) *Callionymus pusillus*, trouvé près de l'île d'Ivica, l'une des Baléares. Ann.
Mus. d'hist. nat., tom. XIII, p. 330, Pl. 25, fig. 16.

Livraison d'août, avec 2 Pl., n.º *I et II.*

raliste n'en fait pas mention dans son *Ichtiologie du département des Alpes-Maritimes*.

2.° Le CALLIONYME ÉLÉGANT (*Callionymus elegans*) s'éloigne encore plus du *C. dracunculus* que le précédent, par la hauteur de sa seconde dorsale qui est trois fois plus considérable que celle de la première; et il diffère particulièrement du *C. Risso* par le nombre des rayons de la première dorsale qui est ici de quatre, tandis qu'il n'est que de trois dans le premier poisson : il se fait remarquer par ses couleurs, en ce que son corps est agréablement varié de dessins oscellés, assez réguliers, d'une couleur blanchâtre sur un fond brun. (L'on se rappellera que le *C. dracunculus* est d'un brun uniforme, et que le *C. Risso*, marqué de très-petites taches rondes uniformément répandues, a sa nageoire anale bordée de bleu.) Le C. élégant ne présente point ce dernier caractère. Sa ligne latérale est sinueuse et comme ramifiée; tandis qu'elle est droite et simple dans le *C. dracunculus*. Ses nageoires pectorales sont assez arrondies. Les aiguillons de ses opercules, beaucoup plus développés que ceux du *C. Risso*, sont moins grêles et moins recourbés en arrière. La membrane branchiostège a quatre à cinq rayons. L'appendice de l'anus est très-court. Ce poisson n'a guère plus de sept centimètres de longueur.

La fig. 17 le fait voir en-dessus et de profil, de grandeur naturelle; et la fig. 17 *a* représente les aiguillons des ouies grossis; ils sont en patte d'oie, avec un appendice dirigé en avant et difficile à apercevoir.

M. Le Sueur a trouvé ce callyonyme près du Hâvre, sur des fonds sableux.

TABLEAU des espèces du genre CALLIONYME.

	1ʳᵉ. Dors.	2ᵉ. Dors.	Caud.	An.	Pect.	Jug.
*** Yeux rapprochés.**						
1 Cal. lyra. *Lac*	4	10	9	10	18	6
2 — dracunculus. *Lac.*	4	10	10	9	19	6
3 — sagitta. *Lac*	4	9	10	8	11	5
4 — japonicus. *Lac*	4	10	9	8	17	5
5 — pusillus. *Laroche.*	4	6	9	9	18	
6 — Risso. *Le Sueur*	3	8	10	9	18	6
7 — elegans. *Le Sueur.*	4	9	10	9	19	6
**** Yeux très-peu rapprochés l'un de l'autre.**						
8 — punctulatus. *Lac..*	4	8	10	7	20	5

A. D.

Description des Coquilles univalves du genre RISSOA de M. de Freminville; *par* M. A.-G. DESMARETS.

ZOOLOGIE.

Société Philomat.

CE genre, dont l'établissement a été jugé nécessaire par M. C. de Freminville, correspondant de la Société Philomatique, porte le nom de M. Risso, habile naturaliste, qui le premier a observé les espèces dont il est composé, aux environs de Nice, soit à l'état vivant, sur les rochers qui bordent la mer, soit à l'état fossile, dans la couche de formation marine, élevée à plus de douze mètres au-dessus du niveau actuel de la Méditerranée, qu'il a décrite dans le *Journal des Mines* (août 1813, n° 200), et *Nouv. Bull. Soc. Phil.*, t. III, p. 539.

Ce genre peut être ainsi caractérisé :

RISSOA. (*Rissoa.*) Coquille *univalve, oblongue ou turriculée, le plus souvent garnie de côtes saillantes longitudinales ; ouverture entière ovale-oblique, sans canal à la base, sans dents ni plis, ayant ses deux bords réunis ou presque réunis, le droit renflé et non réfléchi; point d'ombilic.*

1re *Espèce.* R. A CÔTES (*R. costata*). Coquille turriculée à huit ou neuf tours, dont le dernier est assez développé, avec son bord droit ou externe arrondi et garni d'un bourrelet; marquée de stries fines, pointillées, et parallèles entre elles, sans côtes longitudinales : les autres tours présentant des côtes saillantes, renflées, dont le nombre diminue à mesure qu'ils sont plus rapprochés du sommet de la coquille. Cette *Rissoa,* qui est d'un blanc transparent plus ou moins grisâtre, a pour caractère constant la couleur violette du tour de sa bouche; de plus, quelques-unes de ses stries sont marquées de lignes colorées brunâtres, interrompues, et dont le nombre varie selon les individus, mais qui est assez ordinairement borné à quatre, également distantes entre elles. (*Voyez* Pl. 1, fig. 1.)

2e *Espèce* R. OBLONGUE (*R. oblonga*). Coquille turriculée, jaunâtre, formée de sept ou huit tours; le dernier étant médiocrement développé, et garni de demi-côtes élevées, longitudinales et supérieures, sans stries ni bandes transversales; les autres tours supportant des côtes longitudinales renflées; contour de la bouche légèrement fauve, avec deux taches de même couleur sur le bord droit et extérieur; celui-ci moins arqué que dans l'espèce précédente. Cette espèce se rapproche beaucoup de la *Rissoa à côtes,* mais elle en diffère néanmoins en ce qu'elle est un peu moins renflée, que le bord droit de son ouverture n'est point arrondi, qu'elle ne présente point de stries transversales sur ses tours de spire, et que le dernier de ceux-ci offre des demi-côtes saillantes. (*Voyez* Pl. 1, fig. 3.)

(8)

3e *Espèce.* R. VENTRUE (*R. ventricosa*). Coquille ventrue, ovale-aiguë, composée de cinq ou six tours, le dernier médiocrement renflé, présentant des indices de côtes longitudinales supérieures, et des stries transverses très-fines; les autres garnies de côtes en long, moins marquées que celles des deux espèces précédentes. Cette coquille est d'un blanc plus ou moins jaunâtre, avec le tour de la bouche violet. (*Voyez* Pl. 1, fig. 2.)

4e *Espèce.* R. TRANSPARENTE (*R. hyalina*). Coquille ventrue, ovale-pointue, formée de cinq ou six tours lisses, sans aucune strie ni côte longitudinale; chaque tour garni supérieurement d'un sillon qui fait paraître la suture double. Elle est d'un blanc transparent, avec le bord droit de la bouche brunâtre ou violet, et quelques bandes étroites d'un fauve très-clair, disposées assez régulièrement en bandes longitudinales, qui se réunissent au sommet de la coquille. (*Voyez* Pl. 1, fig. 6.)

5e *Espèce.* R. VIOLETTE (*R. violacea*). Coquille ovale-pointue, à six ou sept tours garnis de côtes longitudinales et de stries pointillées transverses; une bande violette sur le milieu du dernier tour, qui se continue en violet plus foncé sur le bord inférieur de chacun des autres tours; bouche violette, bourrelet de son bord droit d'un beau blanc. Cette espèce est la plus petite du genre. (*Voyez* Pl. 1, fig. 7.)

6e *Espèce.* R. AIGUE (*R. acuta*), Coquille aciculée, à huit ou neuf tours de spire très-alongés, dont le dernier est fort renflé, avec un bourrelet saillant sur tout le contour de l'ouverture, point de stries transverses, mais des côtes longitudinales peu marquées et moins nombreuses que dans les espèces qui précèdent; elle est blanche, avec son sommet légèrement teint de violet, sans aucune tache, bande ou fascie colorée. Cette coquille, au premier aspect, a l'apparence d'un maillot (*pupa*) ou d'une clausilie, mais sa bouche ne présente point les dents qu'on remarque dans les espèces de ces derniers genres. (*Voyez* Pl. 1, fig. 4.)

7e *Espèce.* R. TREILLISSÉE (*R. cancellata*). Coquille ovale, subglobuleuse, courte, à parois épaisses, composée de quatre ou cinq tours marqués de côtes transverses et de côtes longitudinales égales entre elles, et laissant des points enfoncés dans leurs entrecroisemens; couleur d'un jaune fauve terne et uniforme; bords de la bouche blancs; ces mêmes bords moins réunis entre eux que dans les autres espèces, ce qui rapproche cette *Rissoa* des *turbo*, dont elle diffère cependant, parce que sa forme générale n'est point conoïde, parce qu'elle n'est point ombiliquée, et parce que sa bouche n'est point ronde, mais ovale. Les stries qu'on remarque sur la partie intérieure du bord droit rappellent celles qui existent dans les cancellaires, mais on ne saurait la confondre avec ces coquilles dont l'ouverture est échancrée à la base, un peu canaliculée, et dont la columelle est plissée. (*Voyez* Pl. 1, fig. 5.)

Les individus de cette espèce qui ont été usés par le frottement sont à-peu-près lisses, et ne conservent que les petits creux qui se trouvent entre les côtes des individus en bon état. Ces creux sont disposés en quinconce, comme les petites cavités des dés à coudre.

Dans son Mémoire sur la presqu'île de Saint-Hospice, M. Risso donne le nom de *R. plicata* à une huitième espèce, qu'on décrira par la suite.　　　　　　　　　　　　　　　　　A. D.

Second Mémoire de M. Henri CASSINI, *sur les Synanthérées* (1)*

DANS son premier Mémoire sur les synanthérées, M. Henri Cassini avait donné l'analyse du style et du stigmate de ces végétaux. Celle des étamines fait la matière du second Mémoire, qui a été lu à la première classe de l'Institut, le 12 juillet 1813. Nous allons indiquer quelques-uns des résultats de ce nouveau travail.

M. Henri Cassini considère, dans une étamine de synanthérée, trois parties principales : le *pédicule*, l'*article anthérifère*, et l'*anthère*. Il distingue dans l'anthère un *connectif*, deux *loges*, quatre *valves*, dont deux antérieures et deux postérieures; le *pollen*, un *appendice terminal*, deux *appendices basilaires*.

Le *pédicule* naît sur l'ovaire, mais sa partie inférieure est greffée au tube de la corolle.

L'*article anthérifère* est ordinairement de même forme que le pédicule, mais beaucoup plus court, et de substance différente: il est articulé par sa base sur le sommet du pédicule; mais il est continu par son sommet avec la base du connectif.

M. Henri Cassini pense que chaque globule de *pollen* est une masse cellulaire, et que le sperme logé dans les cellules s'en échappe par transpiration.

Les *appendices basilaires* n'existent pas toujours. L'*appendice terminal* ne manque presque jamais.

Les anthères d'une fleur de synanthérée sont presque toujours entre-greffées latéralement, de manière à former un tube. Cette sorte de greffe s'opère au moyen d'un gluten interposé, et elle a lieu sur la face externe des valves postérieures près de leurs bords.

M. Henri Cassini croit, sans pouvoir l'affirmer, que chacune des deux loges de l'étamine des synanthérées est divisée en deux *logettes* par une cloison.

---

(1) L'extrait du premier Mémoire se trouve dans le nouveau Bulletin des Sciences, n.° 76. Décembre 1812.

Livraison d'août, avec 2 Pl., n.° I et II.　　　　　　　　　　　2

1814.

BOTANIQUE.

Institut.

12 Juillet 1813.

Il a observé les étamines de plusieurs *campanulacées, lobéliacées, dipsacées, valérianées, rubiacées;* et il a trouvé dans toutes quelque différence essentielle qui les distingue des étamines des synanthérées.

Après avoir tracé les caractères généraux des étamines des synanthérées, M. Henri Cassini expose ceux qui sont particuliers aux étamines des *lactucées,* à celles des *carduacées,* et à celles de chacune des huit sections qu'il a formées dans l'ordre des *astérées* (*vernonies, hélianthes, eupatoires, solidages, inules, chrysanthèmes, tussilages, arctotides*).

L'ordre des carduacées, considéré sous le rapport des étamines, paraît devoir être divisé en trois sections : 1° celle des *chardons,* dans laquelle les pédicules sont greffés avec la corolle jusqu'au sommet du tube de celle-ci; 2° celle des *échinops,* dans laquelle les pédicules sont greffés jusqu'à la base des incisions du limbe; 3° celle des *xeranthémes,* dans laquelle les pédicules sont entièrement libres.

La première section, celle des *chardons,* qui est la plus nombreuse, pourra être subdivisée en deux tribus, dont la première comprendrait les pédicules hérissés, et la seconde, les pédicules glabres.

La plupart des sections que M. Henri Cassini avait précédemment établies dans l'ordre des astérées, d'après les diverses modifications du style et du stigmate, peuvent, jusqu'à un certain point, être également caractérisées par celle des étamines.

Ce dernier organe offre aussi un caractère propre à diviser la section des *chrysanthèmes* en deux tribus parfaitement naturelles : celle des *chrysanthèmes* proprement dits, dans laquelle les pédicules ne sont greffés qu'à la partie inférieure seulement du tube de la corolle; et celle des *seneçons,* dans laquelle ils sont greffés jusqu'au sommet du tube.

La considération des étamines donne lieu de penser que les *calendula* et leurs analogues devront former une section particulière, voisine de celle des hélianthes.

M. Henri Cassini annonce encore la formation d'une autre section nouvelle, composée des genres *xanthium, ambrosia, iva.* Les rapports évidens de ce groupe avec la tribu des chrysanthèmes, et sur-tout avec le genre *artemisia* qui en fait partie, lui persuadent que les *ambrosiacées* appartiennent à l'ordre des astérées.

L'auteur termine son Mémoire par des considérations générales, dans lesquelles il prétend que le principal caractère que l'étamine fournit, pour caractériser la classe des synanthérées, ne consiste point, comme on l'a cru jusqu'ici, dans la connexion des anthères, mais dans l'existence d'un article anthérifère, organe très-distinct, très-remarquable, quoique les botanistes ne semblent pas l'avoir aperçu.

Il remarque qu'*en général, et sauf exceptions,* il y a une concordance manifeste entre les caractères des étamines et ceux du style et du stig mate ; en sorte que la classification établie dans son premier Mémoire par les caractères du style et du stigmate, se trouve presque entièrement confirmée dans celui-ci par le caractère des étamines.

Néanmoins il avoue que cette concordance ordinaire est souvent troublée par quelque discordance (1) ; il confesse avec la même sincérité que presque tous les caractères qu'il a proposés comme *ordinaires*, soit dans son premier Mémoire, soit dans celui-ci, sont sujets à des anomalies ou exceptions plus ou moins graves, plus ou moins nombreuses. Mais, selon lui, les végétaux n'ayant pas un seul organe qui ne soit sujet à plusieurs anomalies, et leurs organes n'offrant pas un seul caractère qui ne soit modifié ou même démenti par plusieurs exceptions, il faut, pour former une méthode naturelle, n'avoir jamais égard qu'aux caractères *ordinaires*, et faire abstraction des caractères *insolites*. D'où il suit qu'*une classiffication naturelle ne peut se fonder que sur la réunion des caractères ordinaires de tous les principaux organes;* afin que, dans tous les cas où les caractères ordinaires d'un organe peuvent se trouver en défaut, les caractères ordinaires d'un ou de plusieurs autres organes se présentent pour lever le doute, prévenir ou rectifier l'erreur.

M. Henri Cassini soupçonne que la section des hélianthes et celle des chrysanthêmes devront être immédiatement rapprochées.

Il fait remarquer que l'ordre des astérees ne peut être caractérisé ni par le style et le stigmate, ni par les étamines, et il en conclut que, si la corolle et l'ovaire ne le caractérisent pas mieux, cet ordre devra être supprimé, et remplacé par ses sections, qui dès-lors s'élèveront d'un degré, et deviendront des ordres du même rang que les lactucées et les caduacées.

Enfin, le résultat capital du Mémoire dont nous donnons l'extrait est que, les diverses modifications de l'organemâle se trouvant généralement, chez les synanthérées, en rapport avec celles de l'organe femelle et avec les affinités naturelles, l'analyse des étamines confirme presque entièrement la classification établie dans le premier Mémoire de M. Henri Cassini, la rectifie en quelques points, l'étend et la perfectionne. Ce concours des deux organes analysés fait augurer avec vraisemblance que la même classification sera également confirmée par les analyses de la corolle et de l'ovaire.

---

(1) Par exemple, les caractères des étamines replacent les carduacées au milieu de la série des trois ordres, tandis que les caractères du style et du stigmate les avaient rejetées à la fin.

Sur la *Phosphorescence des gaz comprimés*; par M. Dessaigne.

Physique.

———

Journ. de Physique.
Octobre 1813.

« Depuis plusieurs années, M. Mollet, physicien de Lyon, avait fait connaître le fait curieux d'une lumière qui paraît à la bouche du canon d'un fusil à vent lorsqu'on le décharge dans l'obscurité. En 1810, dans un Mémoire sur la phosphorescence par collision, que j'ai lu à l'Institut, après avoir fait connaître plusieurs faits dans lesquels l'apparition lumineuse ne se produit que par l'écart des parties, j'avais conclu qu'il y a, pour la lumière cachée dans les corps, deux modes d'excitation, l'un qui est le résultat d'une pression, et l'autre qui se produit dans l'expansion.

« Depuis, les chimistes français nous ont fait connaître deux mixtes, dans lesquels l'excitation lumineuse a également lieu par un mouvement expansif au moment de leur décomposition.

« J'ai pris un vase de verre cylindrique, connu en physique sous le nom de *casse-vessie*; j'ai fermé son orifice supérieur avec une vessie mouillée, que j'ai bien tendue et ficelée tout autour du vase ; j'ai laissé sécher naturellement à l'air cette vessie, jusqu'à ce qu'elle ne recelât plus dans sa substance aucune humidité ; après quoi j'ai posé le casse-vessie sur le plateau d'une machine pneumatique, et j'ai fait le vide dans l'obscurité. Au moment où l'air, par sa pression, a fait éclater la vessie pour se précipiter dans le vide, *un éclair très-vif a illuminé tout l'intérieur du récipient.*

« Cette expérience fait spectacle lorsqu'elle a lieu pendant la nuit : la lumière qui se dégage est blanche et intense comme celle de la combustion du gaz oxigène avec le gaz hydrogène dans l'eudiomètre de Volta ; mais elle est circonscrite dans son épaisseur, et se prolonge jusqu'au fond du vase. On ne peut mieux la comparer qu'à ces traits de feu qui sillonnent les nuées dans un tems d'orage.

« Lorsque la vessie se casse d'elle-même avant que d'avoir fait entièrement le vide, la lumière, qui se dégage alors, est faible, rougeâtre, et ne paraît qu'au fond du vase. En général, elle est d'autant plus forte et abondante, que le vide est plus parfait au moment où l'on casse la vessie. Lorsque la rupture de la vessie se fait simultanément par deux points différens, l'on voit deux points lumineux ; dans le cas contraire, on n'en voit qu'un.

« Les éclairs qui précèdent le bruit du tonnerre dans les orages ne seraient-ils pas produits de la même manière ? »

1814.

Note sur le gisement de quelques Coquilles terrestres et fluviatiles; par M. MARCEL DE SERRES.

GÉOLOGIE.

Annal. du Mus.

UNE des formations où l'on peut espérer, avec le plus de certitude, de trouver des coquilles fluviatiles fossiles, paraît être celle des lignites; car il devient tous les jours de plus en plus probable que ces lignites ont végété dans les lieux même où on les rencontre aujourd'hui. Quoi qu'il en soit, cette formation, bien plus récente que celle des houilles, ne se trouve jamais, selon la remarque de M. Voigt (1), que dans les terrains de transport. Les couches de lignites ou de bois bitumineux se rencontrent en effet le plus souvent entre des couches ou assises d'argile grisâtre ou bleuâtre et de sable. Sur ces substances, il s'est encore établi postérieurement des couches de sable, de glaise, et même de tourbe. Du reste, ces recouvremens étant très-accidentels, il est, en général, assez superflu de les mesurer et de les caractériser avec soin, car, à de fort petites distances, ils sont déjà tout autres. Les lignites ont toujours pour toit une couche d'argile qui prend par-tout un aspect feuilleté, et de là vient que plusieurs auteurs l'ont prise à tort pour de l'argile schisteuse, et lui ont donné ce nom. La véritable argile schisteuse ne vient que dans les terrains houillers, et cette erreur n'a pas peu contribué à faire confondre les houilles avec les lignites. Cependant les premières sont d'une formation bien plus ancienne, sur-tout les houilles schisteuses et pulvérulentes qui se montrent toujours dans les montagnes secondaires de la plus ancienne formation. On ne les trouve pas seulement dans le voisinage et sur le penchant des montagnes primitives, mais sur des points assez élevés de ces montagnes. Quant à la houille schisteuse, elle est accompagnée de couches d'argile schisteuse mêlée avec une sorte de grès semblable à la grauwacke, et propre à cette formation. La houille lamelleuse vient, au contraire, dans la formation des grès secondaires, où elle s'y trouve le plus souvent en couches de un à deux pieds de puissance; son toit et son mur sont une argile ou limon gris. Le mode de sa formation a, du reste, de grands rapports avec celui de la houille schisteuse, quoique l'époque de sa première formation soit de beaucoup postérieure. Enfin, toujours suivant le même observateur que nous avons cité plus haut, la houille limoneuse ne se trouve que dans la plus récente des formations de calcaire secondaire, et elle lui est exclusivement propre.

---

(1) Traité sur la houille et le bois bitumineux. Journal des Mines, t. XXVII, p. 6 et suiv.

Les coquilles fluviatiles fossiles, au milieu de la formation des lignites, sont aussi un fait bien constaté depuis long-tems, et il paraît que c'est à M. Faujas de Saint-Fond que la première connaissance en est due. Il a en effet décrit avec soin celles qui existent dans les mines de lignite de S.-Paulet (1), mais probablement les ampullaires qu'il a considérées comme marines sont aussi bien fluviatiles que les mélanies et les planorbes, avec lesquelles on les rencontre. Ce qui le prouve, c'est que, depuis les observations de M. Faujas, on a trouvé dans cette même mine des paludines, et c'est à M. Desmarets, si connu par son exactitude, que nous devons la connaissance de ce fait (2). Quant aux coquilles que nous avons observées dans les mines de lignite de Cézenon, village situé dans le département de l'Héraut, et près de Béziers, nous ne pouvons avoir de doute sur leur genre d'habitation, puisque celles qu'on peut y reconnaître appartiennent toutes au genre planorbe, ou aux ambrettes.

Les mines de lignite de Cézenon sont exploitées avec peu de régularité ; à peine y compte-t-on plusieurs ouvriers. Aussi, dans l'état actuel des travaux, il est fort difficile de reconnaître l'ordre de superposition des différentes couches ; mais, autant que M. Marcel a pu s'en assurer, voici celui qui lui paraît le plus constant :

Au-dessous d'une couche de terre végétale généralement un peu épaisse, on observe d'abord un calcaire secondaire coquiller, de la plus nouvelle formation, et dont les affleuremens sont au niveau du sol. Ce calcaire solide, renfermant des moules de cérithes, offre encore d'autres coquilles marines dont les genres paraissent analogues à ceux qui existent maintenant. Au-dessous de ce calcaire, on observe une marne calcaire endurcie, à couches plus ou moins épaisses, et dans laquelle on n'a point observé de fossiles. Immédiatement après, vient un calcaire fétide un peu bitumineux et encore assez solide, dont l'épaisseur des couches est assez variable, si l'on peut se fier à ce que disent les ouvriers. Le calcaire bitumineux noirâtre rempli de coquilles évidemment fluviatiles, parmi lesquelles on reconnaît très-bien des planorbes et des ambrettes, vient ensuite. Ce calcaire compact, à cassure irrégulière et raboteuse, offre une couleur d'un brun légèrement noirâtre ; mais en se décomposant à l'air, il prend une nuance d'un gris assez clair : il a, du reste, fort peu l'aspect des autres calcaires de la formation d'eau douce, qui ont tous un tissu plus ou moins lâche. Quant aux coquilles que ce calcaire renferme, elles sont le plus souvent tellement altérées, que leur couleur passe au blanc

____

(1) Annales du Muséum d'histoire naturelle, t. XIV, p. 314 — 354.
(2) Journal des Mines, n° 199. Juillet 1813.

1814.

le plus parfait, nuance que fait encore ressortir davantage la couleur sombre du calcaire. Au-dessous de cette roche se montre une argile bitumineuse noirâtre, qui repose sur une argile feuilletée également bitumineuse : celle-ci se distingue facilement de la couche précédente par son aspect luisant et même éclatant, et enfin parce qu'elle se délite en feuillets très-prononcés. Après les argiles feuilletées paraissent les lignites, d'abord ceux qui conservent encore le tissu et l'aspect du bois, et puis les compacts, distingués aussi par leur cassure conchoïde et éclatante. Comme les ouvriers qui exploitent cette mine s'arrêtent lorsqu'ils sont arrivés aux couches de lignites, il est difficile de savoir sur quoi ils reposent. Du reste, tous les ouvriers ont assuré l'auteur que les argiles feuilletées revenaient après les lignites ; et, autant que M. de Serres a pu le reconnaître, il lui a paru que ce fait était exact.

La seule coquille fluviatile parfaitement entière que M. Marcel de Serres a pu jusqu'à présent détacher du calcaire bitumineux, est un planorbe qui se rapproche d'une espèce assez commune dans nos mares, le vortex de Muller, Verm. Hist., n° 345, p. 158, et de Draparnaud, tab. 2, fig. 4. Geoffroy a décrit cette espèce sous le n° 5, et il la caractérise par la phrase suivante : « Le planorbe a six spirales à arrête. » Cependant, quoiqu'il y ait entre l'espèce fossile et le vortex quelques analogies, elles ne portent guère que sur la taille et l'ensemble des formes ; car, du reste, elles diffèrent complètement, ainsi que notre description et notre figure vont le prouver. Le planorbe des mines de Cézenon n'a pas non plus de ressemblance avec les espèces fossiles déjà décrites : aussi le croyons-nous totalement nouveau, ainsi que nous le ferons observer plus tard.

PLANORBE RÉGULIER. (*Planorbis regularis.*) (*Voyez* Pl. 1, fig 15.)

Ce planorbe a au moins quatre tours de spire, remarquables par la régularité qui existe entre eux ; car ils grossissent si insensiblement, que ce n'est qu'à l'extrémité du dernier que le renflement devient bien sensible.

Il n'offre pas de carènes, aussi ses tours sont-ils très-arrondis, et presque aussi convexes en dessus qu'en dessous. Il en résulte que les tours sont très-prononcés. Le point central ou l'ombilic de la coquille est un peu enfoncé en dessous, et beaucoup moins en dessus. Autant qu'on peut en juger, l'ouverture de la bouche a la forme d'un ovale alongé et comme anguleux. Nous n'osons, du reste, assurer que le bord supérieur de la bouche fût plus avancé que l'inférieur. La couleur de ce planorbe est d'un brun rougeâtre foncé ; mais probablement cette couleur n'est qu'une suite de l'altération qu'il a éprouvé, et d'un peu d'oxide de fer dont il est pénétré.

Comparé avec les espèces fossiles déjà décrites, on voit aisément qu'on ne peut guère l'assimiler aux *planorbis cornea* et *Prevostiana*, figurés par M. Brongniart (1); et quoique ces planorbes n'aient que quatre tours de spire, ils en diffèrent considérablement, sur-tout par la grandeur de leur dernier tour, et le peu de régularité qui existe dans l'accroissement des tours de la spire. Le même caractère sépare également, d'une manière tranchée, notre planorbe d'avec le *planorbis lens* décrit par M. Brongniart, dans le Mémoire que nous avons déjà cité. On ne peut pas non plus confondre le planorbe régulier avec ceux figurés par M. Brard (2): son planorbe arrondi n'offre bien également que quatre tours à la spire, mais il diffère tellement du nôtre par sa taille et par sa concavité dans un sens, et par sa convexité dans un autre, qu'il est impossible de leur trouver la moindre analogie. Notre planorbe s'éloignant encore davantage des autres espèces fossiles connues jusqu'à présent, et même de toutes les espèces vivantes, doit être regardé comme entièrement nouveau.

Dans l'état actuel de la géologie, il est assez important de noter les lieux où se trouvent les différentes espèces de coquilles à l'état fossile, sur-tout si en même temps on peut en faire connaître le gisement. C'est sous le premier rapport qu'il est intéressant de savoir qu'une espèce de paludine qui paraît bien peu différente de celle qu'on observe dans les étangs saumâtres de la Méditerranée, et même de l'Océan, existe fossile près de Fribourg en Suisse. La fig. 8, pl. 1, que nous joignons à notre description, fera juger facilement combien peu diffèrent ces coquilles. C'est à l'excellent observateur, M. Sionnet, que nous devons la connaissance de ce fait: malheureusement nous n'avons rien pu savoir sur le gisement de ce fossile. Nous devons également au même naturaliste, la connaissance d'un gisement assez singulier de coquilles terrestres à demi-fossiles, et qui offre cette particularité de renfermer des espèces qu'on ne voit plus vivantes dans les mêmes lieux. Ce gisement est, du reste, assez curieux pour mériter d'être décrit avec plus de détail. Sur la rive gauche du Rhône, aux portes même de Lyon, en gagnant la route de Paris, on voit d'un côté le Rhône étendre son lit dans une plaine basse et unie, tandis qu'il est borné, du côté de la ville, par un exhaussement du sol dont l'élévation moyenne peut être de 80 à 90 toises. Cet escarpement, que le Rhône a rendu presque perpendiculaire dans certaines parties, est en général formé par un sol de transport, au milieu duquel on distingue des bancs plus ou moins épais de galets dont l'inclinaison constante est toujours opposée au cours du Rhône, ce qui annoncerait que ces bancs de cailloux roulés n'y ont point été trans-

---

(1) Annales du Muséum d'hist. natur., t. **XV**, p. 357 — 405.
(2) Annales du Muséum, t. **XIV**, p. 226 — 440.

portés par cette rivière. Quoi qu'il en soit, c'est au-dessus de ces escarpemens, presque partout formés par des bancs calcaires, marneux et
argileux, que se trouvent les coquilles dont nous parlons, dans une
couche marneuse fort tendre et jaunâtre. Ces coquilles s'y trouvent en
très-grande abondance à six ou huit pieds au-dessous du niveau du sol,
surtout dans le canton de Saint-Foix, et à la Croix-Rousse, dans la
campagne même de M. Gilibert, les unes sont tout-à-fait blanches, et
les autres n'ont perdu qu'une partie de leur couleur ; mais les deux
espèces que l'on y rencontre ne se trouvent plus vivantes dans les
mêmes lieux.

La première est une coquille terrestre, connue depuis long-tems des
naturalistes sous le nom d'*helix arbustorum*, et très-bien figurée par
Draparnaud. Lorsqu'elle est bien entière, ce qui est rare, son test semble
avoir pris plus de solidité ; quand au contraire elle est toute exfoliée ,
comme cette exfoliation ne se fait que peu à peu, son empreinte seule
subsiste. Cette coquille, du reste, paraît généralement plus petite que
l'espèce vivante , mais cette différence, si toutefois elle est constante ,
n'est pas, d'après l'avis de MM. Faure-Bignet et Sionnet, assez tranchée
pour permettre de les séparer.

La seconde coquille à demi-fossile, si l'on peut s'exprimer ainsi, est
le *lymnœus elongatus* de Draparnaud, qui ne diffère de l'espèce vivante
que par la blancheur et l'altération de son test.

Ce serait en vain qu'on chercherait dans les lieux où l'on trouve ces
deux coquilles, et même à une assez grande distance, les espèces analogues vivantes ; elles ne s'y rencontrent plus maintenant. Ainsi ces coquilles doivent avoir été transportées dans les terrains où on les voit
aujourd'hui : lorsque la masse qui les enveloppe aura pris une plus
grande solidité, on aura des bancs de calcaire marneux renfermant des
coquilles terrestres et fluviatiles analogues à nos espèces vivantes. Du
reste , avec les deux espèces que nous venons de signaler, on en trouve
plusieurs qu'on voit vivantes dans les lieux mêmes où elles sont demi-
fossiles. Ainsi on y observe l'*helix aspersa, nemoralis* et *carthusiana*
fort communes aux environs de Lyon ; à la vérité , ces dernières se
trouvent à l'état fossile en moins grand nombre que les deux espèces
dont nous avons parlé en premier lieu.

Enfin nous terminerons ces observations, en faisant remarquer que
les espèces fossiles analogues aux vivantes sont peut-être moins rares
qu'on ne le croit. Nous ajouterons aux analogues connus, l'*auricula
myosotis* de Draparnaud, pag. 53, n°. 1, que M. Delavaux, professeur
au Lycée de Nismes, a trouvé fossile dans une marne bleuâtre qu'on
avait creusée dans les travaux qu'a nécessité le nouveau canal du Rhône
à Marseille, cette espèce existe à cinq ou six pieds de profondeur près
de Boisvieil; à peu de distance de Foz-les-Martigues, département des

Bouches-du-Rhône. Du reste, nous n'avons pu avoir de plus amples détails sur son gisement, mais la figure que nous donnons de cette auricule fossile (Pl. 1, fig. 9), ne peut laisser le moindre doute sur son identité avec l'espèce vivante. Elle n'a même éprouvée d'autre altération que la perte de ses couleurs ; toutes ont en effet une teinte d'un blanc légèrement rosé, en sorte qu'ayant conservé tous les caractères qui la distinguent, il n'est pas possible de la méconnaître.

Note sur les Ancyles ou Patelles d'eau douce, et particulièrement sur deux espèces de ce genre non encore décrites, l'une fossile et l'autre vivante ; par M. A.-G. DESMARETS.

ZOOLOGIE.

Société Philomat.

LA distinction des terrains qu'on suppose avoir été formés sous les eaux douces, a été fondée principalement sur l'observation des coquillages fossiles appartenant aux genres *lymnœus* et *planorbis*, que renferment ces terrains ; et, de plus, elle a été appuyée par la découverte de corps organisés, aussi fossiles, mais presque microscopiques, qui accompagnent ces mêmes coquillages, et qui ont, dans la nature vivante, leurs représentans, soit parmi les petits animaux du genre des cypris et de l'ordre des entromostracées, soit dans les fruits ou capsules des plantes aquatiques connues sous le nom de charagne (*chara.*)

Celles des productions naturelles qui semblaient devoir caractériser le mieux la formation des terrains d'eau douce, c'étaient sans doute les débris de ces petits coquillages placés par la plupart des naturalistes dans le genre *patella* de Linné, et que Geoffroy et Draparnaud en ont séparé pour en former un genre particulier, auquel ces naturalistes ont imposé la dénomination d'*ancyle*. Jusqu'à présent les recherches des observateurs n'avaient pu apporter la preuve de l'existence de coquilles semblables ou analogues à celles-ci dans les couches de la terre, lorsque le hasard la présenta à M. d'Omalius de Halloy, dans le voyage qu'il entreprit, l'année dernière, en Allemagne. Ce savant géologue trouva en effet, aux environs d'Ulm en Bavière, des fragmens d'un calcaire gris-jaunâtre à grain très-fin, fort semblable à la pierre de Château-Landon, et il remarqua sur l'un de ces fragmens une empreinte de patelle fort bien conservée. Il a remis, depuis, cette empreinte à M. Desmarest, en l'engageant à la comparer avec les ancyles ou patelles d'eau douce, qui ont été reconnus jusqu'à ce jour.

M. Desmarest s'est occupé de cet objet, et il résulte de ses recherches que le nombre des espèces d'ancyles se monte à cinq maintenant, savoir : quatre vivantes et une fossile. Il a cru devoir préciser

les caractères distinctifs de ces cinq coquilles, et en donner des figures
exactes. (*Voyez* la Pl. 1re, ci-jointe.)

1re *Espèce.* L'ancyle des lacs (*ancylus lacustris*). Geoff. Drap.
Elle est pellucide, blanchâtre, ovale très-alongé, avec un de ses bords
légèrement sinueux; son sommet est peu élevé, placé près de l'une
des extrémités de la coquille, et légèrement recourbé. Il n'y a point
de stries divergentes sur la surface extérieure de cette espèce.(*Voyez*
Pl. 1, fig. 10, grandeur naturelle.)

2e *Espèce.* L'ancyle des fleuves (*anc. fluviatilis*). Drap. Elle est
blanchâtre , transparente , mince. Ses bords forment un ovale peu
alongé, légèrement sinueux sur un côté; le sommet est assez élevé,
recourbé, et sert de point de départ à une infinité de très-petites
stries qui se rendent en divergeant aux bords de la coquille. (*Voyez*
Pl. 1, fig. 12, grandeur naturelle, avec le sommet grossi.)

3e *Espèce.* L'ancyle riverain (*anc. riparius*). Desm. La coquille
de cet ancyle est épaisse, peu transparente, brune en dehors, nacrée
en dedans; ses bords forment un ovale peu alongé, assez régulier. Son
sommet est élevé, recourbé, et sert de point de départ à un certain
nombre de faces ou *méplats* peu distincts, qui se rendent en divergeant
aux bords de la coquille, et qui sont marqués de stries, beaucoup moins
apparentes dans les individus de cette espèce que dans ceux de la
précédente, quoique ces derniers soient quatre fois plus petits. Cette
coquille, qui acquiert une longueur de huit millimètres sur une hauteur
de cinq millimètres, a été trouvée aux environs de Lyon, par M. Faure-
Biguet, qui l'a envoyée à M. Brongniart. Elle est représentée Pl. 1re,
fig. 11, de grandeur naturelle.

4e *Espèce.* L'ancyle épine de rose (*anc. spina rosæ*). Drap. Cette
coquille, découverte par M. Daudebard de Ferrussac fils, à Lauzerte,
département de Lot-et-Garonne, est la plus petite du genre, et rappelle,
par sa forme, celle des épines de rosiers. Elle a le sommet très-aigu
et incliné; son bord est arrondi d'un côté et droit de l'autre, en sorte
que sa base représente à peu près une moitié d'ovale, prise dans le
sens de la plus grande dimension. (*Voyez* Pl. 1, fig. 13, grossie et de
grandeur naturelle. *Copiée de l'ouvrage de Draparnaud.*)

5e *Espèce.* L'ancyle perdu (*anc. deperditus*). Desm. On ne saurait
confondre cette espèce, trouvée par M. d'Omalius de Halloy, avec
l'*ancylus lacustris*, dont la forme est beaucoup plus alongée, ni avec
l'*ancylus spina rosæ*, dont le sommet est très-prolongé, et l'ouverture
semi-ovalaire. Elle se rapproche beaucoup plus de l'*ancylus fluviatilis*
ou de l'*ancylus riparius*, mais son sommet est plus excentrique que
celui de ces deux derniers, et sa hauteur est sur-tout moins considérable, autant qu'on en puisse juger néanmoins, d'après le moule en cire
qu'on a pris sur la seule empreinte qu'on ait pu examiner de cette

coquille fossile. De plus, elle ne présente ni les stries divergentes, ni les *méplats* aussi divergens qu'on observe dans ces deux derniers ancyles. M. Desmarest, en reconaissant ces différences, qui, selon lui, séparent *l'ancyle perdu* de tous ceux qu'on a observés vivans jusqu'à ce jour, n'ose pas cependant assigner de caractères positifs à cette espèce; il attend, pour le faire, que les circonstances l'aient mis à même d'examiner de nouveau fragmens de la pierre calcaire d'Ulm renfermant des débris ou des empreintes de cette coquille.   A. D.

Analyses de plusieurs substances minérales ; par M. JOHN.

MINÉRALOGIE.

Annales de Chimie.

N° 262, p. 99.

1°. Analyse de l'*agalmatholite* de la Chine; *talc glaphique*, Haüy; *bidelstein* de Klaproth, et vulgairement *pierre de lard*.

Variété jaune de cire.

Silice	53	Oxide de manganèse	une trace.
Alumine	30	Potasse	6,25
Chaux	1,75	Eau	5,50
Oxide de fer	1		97,50

Variété rouge.

Silice	51,50	Oxide de manganèse	12
Alumine	31,50	Potasse	6
Chaux	3	Eau	5,13
Oxide de fer	1,75		

2°. Analyse de la *gabronite*.

Silice	54	Eau	2
Alumine	24	Potasse et soude	17,25
Magnésie	1,50		
Oxide de fer manganésifère	125		100,00

3° Analyse du fossile nommé *lytrode*.

Silice	44,62	Soude	8
Alumine	37,36	Eau	6
Oxide de fer	1	Magnésie	
Chaux	2,75	Oxide de manganèse	une trace.

4°. Analyse du *Razoumoffskin*, minéral qui se trouve à Kosemutz, accompagné de *pimelite* et de *chrysoprase*.

Silice	50	Magnésie, oxide de fer et chaux	2
Alumine	16,88	Potasse	10,37
Eau	20		
Oxide de Nickel	0,75		100,00

5°. Analyse du *zircon*, trouvé à Friederschwaern en Norwège.

Zirconne	64	Oxide de fer	25,0
Silice	34		———
Oxide de titane	1		101,50

6°. Analyse du *wavelite* terreux.

Alumine	81,17	Potasse	0,50
Eau	13,50		———
Chaux	4		100,00
Magnésie	0,83		

Mémoire sur quelques points de l'anatomie de l'Œil; par
M. EDWARDS.

ANATOMIE.

Institut.

L'AUTEUR y donne un procédé facile pour reconnaître l'existence de la membrane de l'humeur aqueuse. Il a examiné avec soin cette membrane, sous le rapport de sa situation, de son trajet, de ses limites et de ses propriétés. Elle forme dans le fœtus, pendant l'existence de la membrane pupillaire, un sac sans ouverture, qui tapisse la chambre antérieure, par conséquent la face postérieure de la cornée, ainsi que la face antérieure de l'iris et de la membrane pupillaire. A cette époque il n'y a point d'humeur aqueuse dans la chambre antérieure; elle ne pénètre point dans la chambre postérieure, comme on l'avait présumé d'après Demours. Dans l'homme et les quadrupèdes, cette membrane est du genre des séreuses. M. Edwards a constaté, dans les oiseaux et les poissons, l'existence d'une membrane analogue quant à sa situation et son trajet, mais différente par son tissu. Chez l'homme et les quadrupèdes, elle ne paraît pas contribuer sensiblement à la sécrétion de l'humeur aqueuse.

M. Edwards passe ensuite à l'examen de la structure de l'iris. Selon lui elle est formée, chez l'homme et les quadrupèdes, de plusieurs membranes, 1° d'un plan moyen, formé de fibres, et qui constitue le tissu propre; 2° d'une portion de la choroïde qui tapisse sa face postérieure, et constitue ce qu'on appelle l'*uvée*; 3° d'une autre portion de la choroïde qui revêt la face antérieure du tissu propre; 4° d'une partie de la membrane séreuse de l'œil (membrane de l'humeur aqueuse), qui recouvre cette portion de la choroïde, et forme la tunique antérieure de l'iris.

M. Edwards a trouvé que la membrane pupillaire est formée antérieurement par une portion de la membrane de l'humeur aqueuse, postérieurement par une continuation de la choroïde qui revet l'iris; il n'a pu déterminer si le tissu propre entre dans sa formation.

Il reconnaît que la lame interne de la choroïde, ou la ruyschienne, et la lame externe de cette membrane, ont une existence indépendante, puisqu'à l'iris elles sont séparées par son tissu propre. C'est la ruyschienne qui contribue à former les procès ciliaires, et qui revêt la face postérieure du tissu propre de l'iris. C'est la lame externe de la choroïde qui revêt la face antérieure du tissu propre de l'iris.

Il finit par indiquer quelques points d'anatomie et de physiologie de l'œil, qui seront l'objet d'un autre Mémoire, tels que la source de l'humeur aqueuse, qu'il rapporte aux procès ciliaires, l'existence de l'artère du corps vitré et du cristallin, qu'on peut reconnaître sans le secours de l'injection, etc.   F. M.

Nouvelles Observations sur le prétendu homme témoin du déluge de Scheuzer; par M. G. CUVIER.

GÉOLOGIE.

———

Institut.

M. CUVIER avait fait voir, dans un précédent Mémoire (1), que la pétrification d'Œningen, donnée par Scheuzer pour un anthropolithe, prise ensuite par J. Gesner pour un Silure, était une portion de squelette d'un amphibie du genre *Protœus*, ayant environ un mètre, et plus grand par conséquent qu'aucun de ceux que l'on connait; mais il n'avait établi cette opinion et ses preuves que sur les figures qu'il connaissait de ce fossile. Ayant eu l'heureuse occasion de l'examiner lui-même à Harlem, il a pu y observer des petites parties caractéristiques que les figures et les descriptions avaient négligé de faire connaître, et a pu, par un adroit travail, découvrir d'autres parties cachées dans la pierre, qui ont confirmé, par des preuves surabondantes, le rapprochement qu'il avait fait.

Ces preuves sont tirées principalement d'une grande quantité de petites dents fines et serrées qui garnissent le bord circulaire des deux mâchoires; de l'os maxillaire supérieur qui se termine avant d'avoir atteint l'os jugal, etc., comme dans les salamandres; de l'articulation de la tête sur l'atlas par deux condyles; du mode d'articulation des vertèbres, des rudimens de côtes portées sur les apophyses transverses des vertèbres dorsales; de la présence des extrémités antérieures, composées d'un humérus, d'un cubitus et d'un radius distincts; des quatre os du métatarse, et de la main avec ses quatre doigts et leurs phalanges égaux en nombre à ceux des salamandres.

Enfin on y a découvert aussi les os de l'épaule répondant à la partie ossifiée de l'omoplate des salamandres. Par tous ces caractères, l'animal d'Œningen semble d'abord appartenir au genre des salamandres; mais

____

(1) Ann. du Mus., tom. XIII, p. 411.

deux pièces osseuses placées en arrière du crâne, représentent parfaitement les os qui, dans le *Siren. lacertina,* soutiennent les branchies. Ce caractère et l'ossification terminée de ce reptile, considération qui ne permet pas d'en faire une jeune salamandre, le distinguent de ce genre, pour le ramener à celui des protées, ainsi que M. Cuvier l'avait déjà annoncé.

1814.

A. B.

Mémoire sur le genre Bananier; par M. DESVAUX. (*Analyse.*)

BOTANIQUE.
———
Société philomat.
et Institut.
Juin 1814.

LES deux pièces du périanthe qui entoure les étamines et les pistils du Bananier, ont reçu différens noms. Tournefort et ceux qui ont adopté ses principes les regardent comme un calice; Linnæus, au contraire, et ses sectateurs, leur donnent le nom de corolle.

La partie extérieure de cette enveloppe florale est une lame alongée, tronquée, découpée à son sommet, dont la base entoure le sommet de l'ovaire, excepté dans un seul point. Quelques-uns la nomment *pétale extérieure,* d'autres la nomment *division extérieure du calice.* M. Desvaux la regarde comme un calice coloré, et il pense que la foliole intérieure est une corolle, façon de voir qui ne s'accorde pas avec les analogies admises par la plupart des botanistes.

Les étamines, communément au nombre de cinq, sont placées intérieurement; quelquefois il y en a six, et c'est même le nombre le plus naturel : mais il arrive souvent que celle qui se trouve le plus près de la corolle, avorte. Quelquefois le rudiment de cette sixième étamine est très-apparent; et d'autres fois, à la place de ce rudiment, se trouve une lame nectarifère.

On remarque aussi, mais assez rarement, une sorte de pétale adossé au premier; en examinant sa position, on reconnaît que ce n'est autre chose que la sixième étamine dont le filet s'est dilaté et changé en pétale.

L'auteur fait un examen critique des espèces ou variétés qu'on a réunies à ce genre.

Linnæus, dans le *Musa cliffortiana,* ne distingue qu'une seule espèce de Bananier, à laquelle il réunit plusieurs variétés, que Bauhin, Plumier et autres avaient regardées comme des espèces distinctes. Dans les ouvrages qu'il publia ensuite, il en distingua trois, savoir : le *Musa sapientum,* le *Musa paradisiaca,* et le *Musa troglodytarum.* Suivant cet auteur, les fleurs mâles du *Musa sapientum* persistent, tandis qu'elles tombent aussitôt après leur épanouissement dans le *Musa paradisiaca;* c'est le seul caractère par lequel il distingue ces deux plantes; MM. Adanson et Loureiro assurent que cette différence n'est pas constante. L'un et l'autre Bananiers ont l'épi incliné.

Linnæus donne pour caractère distinctif du *Musa troglodytarum* un épi redressé, mais il est de fait que l'épi de cette plante est courbé dans plus des deux tiers de sa longueur. La seule différence consiste en ce que les fleurs fertiles étant placées à l'endroit où l'épi sort d'entre les feuilles, les fruits n'ont pas assez de pesanteur pour le courber dans cette partie. D'après ces considérations, M. Desvaux regarde les trois espèces mentionnées ci-dessus comme de simples variétés.

Aublet a distingué une nouvelle espèce de Bananier sous le nom de *Musa humilis;* mais on a reconnu depuis qu'elle appartenait au genre *Heliconia.*

Loureiro, qui avait eu occasion d'observer dans l'Inde un grand nombre de Bananiers, chercha à distinguer les espèces qu'il avait sous les yeux, et il crut en reconnaître cinq; mais les caractères, fondés sur la présence ou sur l'absence des graines, et sur la forme des fruits, sont insuffisans.

L'espèce que Loureiro nomme *Musa nana*, parce qu'elle ne s'élève qu'à la hauteur de quatre à cinq pieds, et dont les fleurs sont toutes fertiles, pourrait peut-être être regardée comme une espèce distincte; cependant l'organisation des fleurs des Bananiers est telle, que toutes les fleurs peuvent devenir fertiles lorsqu'il n'y en a qu'un petit nombre sur l'épi. Quant à la petitesse de la plante, elle ne peut servir de caractère distinctif.

Les deux Bananiers dont M. Jacquin a publié la description dans l'*Hortus schœnbrunensis*, l'un sous le nom de *Musa rosea*, l'autre sous celui de *Musa maculata*, ne sont, suivant M. Desvaux, que deux variétés du *Musa sapientum*. Le premier n'a rien de remarquable, sinon que les bractées des fleurs stériles s'écartent en forme de rose, tandis qu'elles se renversent dans la plupart des autres espèces. Le *Musa maculata* a les feuilles rétrécies à la base, mais cette différence ne suffit pas pour caractériser une espèce, lorsque les autres parties ne présentent aucune différence sensible.

M. Desvaux admet avec raison, comme espèce distincte, le *Musa coccinea*, cultivé dans nos serres, ainsi que la plante publiée par Bruce, sous le nom d'*ensete*, et il fait mention de plusieurs Bananiers cités par Rumph, Rheed et autres auteurs, parmi lesquels se trouveraient peut-être des espèces distinctes, si l'on était à même de les observer sur les lieux où ils croissent spontanément.

Il n'y a donc, jusqu'à ce jour, suivant M. Desvaux, que trois espèces de Bananiers bien caractérisées pour les botanistes; savoir : le *Musa sapientum*, le *Musa coccinea*, et le *Musa ensete*.   B. M.

1814.

Mémoire sur l'étendue géographique du terrain des environs de Paris; par J. J. D'OMALIUS D'HALLOY. (*Voyez* Pl. II, fig. 12.)

GÉOLOGIE.

Institut.
16 août 1813.

LE terrain des environs de Paris, que les belles découvertes de MM. Cuvier et Brongniart ont rendu si célèbre dans l'histoire de la géologie, ressemble à une île immense, placée sur le vaste bassin de craie, qui s'avance comme un golfe dans le nord-ouest de la France. Il occupe une surface d'environ 170 myriamètres carrés, sous la forme d'un polygone irrégulier, allongé dans le sens du nord au sud, dont le plus grand axe peut être représenté par une ligne tirée de Laon à Blois. Le contour de ce Polygone passe dans le voisinage des villes de Laon, La Fère, Noyon, Clermont, Beaumont, Gisors, Nantes, Houdan, Chartres, Châteaudun, Vendôme, Blois, Orléans, Cosne, Montargis, Nemours, Nogent-sur-Seine, Sézanne, Epernay et Rheims.

La partie de ces limites qui est au nord de la Seine, se distingue aussi bien sous le rapport physique que sous le rapport géologique; partout le terrain parisien se présente comme une chaîne de collines plus ou moins dentelées, qui s'élèvent au-dessus des plaines formées par le pays de craie. Entre la Seine et la Loire, le terrain parisien s'abaisse en même tems que la craie s'élève, de sorte que ces deux terrains finissent par se confondre sous un même niveau. Enfin, la petite pointe qui termine le bassin de Paris au sud-est, depuis Gien jusqu'à Cosne, est encaissée dans la vallée de la Loire et dominée par des collines craieuses.

Cette forme extérieure des limites vient de la disposition intérieure des divers matériaux qui composent le terrain du bassin de Paris, car, quoique ces matériaux nous paraissent dans la partie centrale superposés horisontalement les uns sur les autres, ils ont une pente vers le sud assez prononcée, pour qu'ils représentent, jusqu'à un certain point, des espèces de coins placés comme des tuiles d'un toît, mais avec cette circonstance particulière que c'est le coin inférieur qui atteint la plus grande hauteur.

Pour saisir plus facilement cette disposition, il faut remarquer que, d'après plusieurs observations rapportées dans ce Mémoire, et des considérations qui pour la plupart avaient déjà été indiquées par MM. Cuvier et Brongniart, l'auteur range les dix formations particulières du terrain de Paris en quatre étages ou formations principales, de la manière suivante :

1.° *La première formation marine* qui, outre le véritable calcaire à cérite, comprend dans ses assises inférieures l'argile plastique, les sables qui accompagnent cette argile, et les terres noires pyriteuses employées à la fabrication du sulfate de fer.

2.° *La première formation d'eau douce* qui renferme le calcaire siliceux, le gypse, le premier calcaire et les premières marnes d'eau douce. Dans les parties les plus basses du bassin, les extrémités de cette formation alternent avec quelques couches marines qui se rattachent au terrain précédent et à celui qui suit.

3.° *La seconde formation marine*, où se rangent les marnes marines du gypse, les sables et grès sans coquilles, et les sables et grès marins supérieurs.

4.° *La seconde formation d'eau douce* dont les meulières sans coquilles paraissent être un membre subordonné.

Le calcaire à cérite qui forme l'étage inférieur, s'élève dans les collines de Laon à 300 mètres au-dessus de l'océan, s'abaisse ensuite en descendant vers le midi, s'enfonce sous les autres formations, et disparaît tout-à-fait au sud de la Marne et de la Seine.

La première formation d'eau douce commence à quelques distances au nord de ces deux rivières, n'atteint pas, du moins dans le voisinage de Paris, un niveau supérieur à 150 mètres, s'enfonce ensuite, et cesse de se montrer aux environs d'une ligne qui passerait par Houdan, Arpajon et Nemours.

Les terrains du troisième étage ne sont pas aussi concentrés que ceux du premier, ils commencent plus au nord que la première formation d'eau douce, mais n'y forment que des lambeaux isolés. Du reste ils suivent la même règle d'abaissement vers le sud, et disparaissent au midi d'une ligne tirée de Chartres à Nemours.

Il ne demeure plus alors que le second terrain d'eau douce, qui devient très-puissant, repose immédiatement sur la craie, constitue la région connue sous le nom de Beauce, et s'abaisse en s'approchant de la Loire, où il se cache sous un dépôt sableux.

L'auteur pense que ce dernier sable ne peut être considéré comme un véritable attérissement, mais il n'ose prononcer s'il appartient à un dernier terme de la formation d'eau douce, ou s'il provient des sables de l'ancienne craie qui auraient été rejetés, par une catastrophe quelconque, sur les parties les plus basses du terrain d'eau douce.

M. d'Omalius fait remarquer que cette distribution géographique des divers matériaux du bassin de Paris, divise cette contrée en régions physiques, qui se distinguent par leur aspect et leurs productions agricoles.

La formation de la craie, qui sert de base commune à tous ces terrains, présente dans son ensemble une succession de couches plus ou moins différentes, mais qui passent de l'une à l'autre par une série de nuances insensibles. L'auteur y détermine cinq modifications principales, ainsi qu'il suit :

1.º *La craie ordinaire* est communément à grain fin, de couleur blanche, et renferme des silex presque toujours noirâtres.

2.º *La craie à silex pâles* est en général d'un grain moins fin et d'une cohésion plus faible que la craie ordinaire ; elle contient une plus grande quantité de sable, quelquefois de l'argile et même de la chlorite dans ses assises inférieures ; elle est souvent très-avantageusement employée à l'amendement des terres. Les silex y sont fort abondans, communément blonds ou brun jaunâtres, quelquefois gris de cendre, rarement noirâtres ; il y en a qui perdent leurs caractères minéralogiques et passent au jaspe, au grès calcarifère, et à des brèches ou poudingues qui, malgré leur apparence jaspoïde, manifestent clairement une origine analogue à celle des autres rognons siliceux.

3.º *Le tuffeau,* dénomination qu'on donne dans les départemens de l'ouest à une craie grossière, quelquefois tendre et friable, d'autres fois assez dure pour former de belles pierres de taille ; sa couleur la plus ordinaire est le blanc jaunâtre, prenant souvent une teinte de verdâtre produite par de la chlorite. Les silex y présentent à peu près les mêmes circonstances que dans la modification précédente, et sont encore plus généralement blonds.

4.º *Les sables et les grès de la craie* sont presque toujours mélangés de calcaire, quelquefois de chlorite ; ils passent d'autres fois au poudingue à ciment ferrugineux, mais offrent aussi dans certaines circonstances des bancs tout-à-fait purs. La surface de ce terrain, ordinairement friable, a été quelquefois remaniée par les eaux, de manière à donner l'idée d'un dépôt d'alluvion ; mais la disposition de ces sables en couches régulières qui plongent sous la craie à silex pâles, ou bien alternent avec le tuffeau, et les passages insensibles qui lient ces diverses substances, joints à l'existence de nombreux fossiles très-bien conservés, persuadent l'auteur, qu'on ne peut s'empêcher de considérer ce terrain sableux comme un membre de la formation de l'ancienne craie.

5.º *Les argiles de la craie* sont ordinairement marneuses, rarement plastiques, quelquefois chloritées.

Les alternatives de quelques-unes de ces modifications ne permettent pas toujours d'en déterminer la superposition. On peut cependant remarquer que le terrain argilleux forme constamment le premier terme de la série, que même ses assises inférieures appartiennent plutôt à l'ancien calcaire horisontal qu'à la formation de la craie, tandis que la craie ordinaire est toujours le plus nouveau de ces dépôts, et qu'elle est immédiatement précédée par la craie à silex pâles.

Il existe des fossiles dans tous les systèmes de la formation de la craie ; les uns, comme les bélemnites et les térébratules, leur sont communs avec le calcaire alpin ; d'autres, comme les ammonites, appartiennent également au calcaire alpin, mais ne s'étendent pas jusqu'à la craie ordinaire. Les oursins, au contraire, appartiennent à toute la formation; la gryphée orbiculaire et un grand spondyle semblent caractériser les tuffeaux et les sables de la craie.

La partie centrale du grand bassin craieux, indiqué ci-dessus, est formée de craie ordinaire, qui, sur les bords de la Manche, s'étend jusqu'à la mer; mais, dans le reste du contour, on trouve les diverses modifications d'ancienne craie, avec cette différence, que souvent un ou deux systèmes, prenant un développement considérable, masquent les autres qui n'existent qu'en rudiment, et déterminent seuls le caractère de la contrée. C'est ainsi que le terrain sableux domine dans le Perche et sur les plateaux entre la Sarthe et le Loir; que la Tourraine est formée d'une base de tuffeau, surmontée d'une couche de sable et de silex qui paraît n'être que de la craie sableuse lavée; que toute la bordure qui sépare la craie de Champagne des pays de calcaire horisontal est de nature argilleuse. Il y a encore cette différence générale, que, du côté du sud-ouest, les terrains d'ancienne craie occupent un espace très-considérable, tandis qu'à l'est ils ne se montrent que dans une bande étroite. Enfin le dépôt de terrain parisien n'étant pas placé exactement au milieu du bassin craieux, sa partie méridionale, c'est-à-dire, celle qui est au sud de Chartres et de Nemours, repose sur l'ancienne craie.

Observations pratiques sur l'Ectropion , avec la description d'une nouvelle opération pour la guérison de cette maladie , et sur la manière de fermer une pupille artificielle; par WILLIAM ADAMS, Membre du Collége Royal de chirurgie de Londres, etc.

(*Extrait d'un rapport fait à la Société Philomatique,* par MM. BLAINVILLE et MAGENDIE.)

MÉDECINE.

———

Société Philomat.
Séance du 28 mai.

L'OUVRAGE de M. Adams est divisé en trois chapitres; le premier chapitre traite de l'Ectropion.

Pour l'intelligence de ce que nous allons dire, il faut savoir que l'Ectropion est une maladie qui consiste en un renversement des paupières, à la suite duquel ces organes cessent de recouvrir la partie antérieure de l'œil. Cette maladie est non-seulement hideuse, mais elle est excessivement à charge au malade par les douleurs atroces que lui cause le contact de l'air, celui d'une lumière, et sur-tout celui du moindre corps solide avec la conjonctive; il existe en outre un écoulement continuel de larmes sur la joue, et une ophtalmie habituelle qui, au bout d'un certain tems, est suivi de l'obscurcissement de la cornée et de la cécité.

M. Adams s'est principalement attaché à l'Ectropion qui n'intéresse que la paupière inférieure, et qui est causé par le boursoufflement primitif de sa membrane interne. Pour guérir cette maladie, il est d'usage d'emporter avec des ciseaux la membrane boursoufflée afin de la remettre de longueur avec la peau, à peu près comme font les tailleurs quand ils emportent de la doublure d'un vêtement dont l'étoffe s'est rétrécie.

M. Adams ayant opéré de cette manière plusieurs personnes atteintes d'Ectropion, vit chez toutes la maladie récidiver ; il crut en trouver la raison dans l'étendue trop considérable que conserve la peau de la paupière après l'excision de la conjonctive, c'est pourquoi il conseille d'enlever un lambeau triangulaire comprenant toute l'épaisseur de la paupière, y compris le cartilage tarse. Ce lambeau doit avoir à peu près la forme d'un triangle isocèle, dont le petit côté correspond au bord libre de la paupière. Après l'avoir enlevé, M. Adams rapproche les bords de la plaie par un point de suture ; la réunion est ordinairement effectuée après quelques jours. En suivant ce procédé, l'auteur pense que l'on préviendra toujours la récidive, il cite plusieurs observations à l'appui de son opinion ; dans tous les malades opérés de cette manière, l'opération a été simple et n'a été troublée par aucun accident.

Ce procédé qui, à la connaissance des rapporteurs, n'a point été employé en France, leur paraît ingénieux et remplit parfaitement le but que l'auteur s'est proposé.

Le second chapitre du livre de M. Adams n'est pas moins intéressant que le premier, il y traite de l'opération nécessaire pour établir une pupille artificielle. L'auteur parle d'abord des circonstances qui nécessitent cette opération, au nombre desquelles il cite particulièrement l'oblitération de la pupille, l'obscurcissement partiel de la cornée transparente, la procidence de l'iris, etc. Dans cette opération M. Adams attaque l'iris dans la face postérieure, selon le procédé de Scarpa ; il recommande de faire l'ouverture aussi grande que possible, sur-tout si l'on opère pour une oblitération de la pupille avec transparence complète de la cornée.

Dans le cas où la transparence de la cornée est peu étendue avec adhérence de l'iris, on doit introduire l'instrument au travers de la cornée, et attaquer l'iris par la face antérieure, de manière à détruire d'abord les adhérences, et ensuite à pratiquer l'ouverture vis-à-vis la portion transparente de la cornée.

M. Adams a fait une heureuse application du pouvoir qu'a l'extrait de bella-dona de dilater la pupille.

Dans les cas où l'obscurcissement de la cornée est peu étendu et placé vis-à-vis la pupille, on introduit tous les matins entre les paupières une goutte d'extrait de bella-dona, on produit une grande dilatation de la pupille, et l'on rend ainsi la vue au malade.

Une personne soumise à ce traitement pouvait lire les plus petits caractères ; quand l'influence du remède cessait, cette même personne

ne pouvait distinguer les objets les plus grands. Ici M. Adams discute
la question de savoir si l'application continue de la bella-dona ne
pourrait pas avoir des inconvéniens. Il conclut pour la négative. L'un
des rapporteurs pourrait cependant dire, à cette occasion, qu'il a vu des
animaux empoisonnés par le contact de substances vénéneuses avec
la conjonctive, ce qui doit engager à ne pas négliger toute précaution
dans l'application de la bella-dona sur cette membrane.

M. Adams parle ensuite d'un procédé employé par feu M. Gibson
de Manchester, dans le cas où l'obcurcissement central de la cornée
est très-étendu, et où l'application de la bella-dona ne peut avoir
aucun bon effet. Ce chirurgien faisait une incision à la cornée à une
ligne de sa jonction avec la sclérotique, et d'environ trois lignes en longueur. Après l'écoulement de l'humeur, une petite portion de l'iris
se présente au travers de l'ouverture, et alors M. Gipson, avec des ciseaux courbes, emporte la portion de l'iris qui s'était porté dans la plaie
de la cornée, de manière à former une pupille artificielle à peu près
circulaire. M. Adams fait plusieurs objections à ce procédé, entr'autre
celle de produire une opacité considérable dans la portion de la cornée
qui est restée transparente. Il y a substitué un autre procédé, qui
consiste à tirer le bord de la pupille au travers d'une petite ouverture
faite dans la cornée, et à laisser dans un état de strangulation la portion
de l'iris qui paraît au dehors, cette portion est détruite peu à peu par le
nitrate d'argent.

Quinze observations, dont les détails sont fort curieux, terminent le
second chapitre, et servent de preuves à la doctrine de l'auteur.

Le troisième chapitre du livre de M. Adams a pour objet la cataracte.

L'auteur expose d'abord ses idées sur les causes de cette maladie,
il ne reconnaît pas de cataracte scrophuleuse, il en admet une vénérienne,
dont le caractère essentiel serait l'opacité de la capsule cristalline, le
cristallin conservant toute sa transparence.

Cet auteur cite ensuite un grand nombre de cataractes observées sur
des enfans nouveaux nés.

A cette occasion, M. Adams croit avoir observé que si plus d'un
enfant nés de la même mère naissent avec cette cataracte, tous ceux qui
viendront après en seront atteints, et même que ces cataractes seront
de nature semblable. L'auteur reconnaît l'hérédité de la cataracte, il
en cite plusieurs exemples très-intéressans.

La méthode de traitement que M. Adams paraît préférer le conduit
à parler de la force absorbante de la chambre antérieure et postérieure
de l'œil, et de la faculté dissolvante de l'humeur aqueuse. Il cite plusieurs faits à l'appui de son assertion, entr'autre le suivant : M. Cline,
célèbre chirurgien anglais, opérait une cataracte par extraction, la pointe

de son instrument cassa et resta dans la chambre antérieure, on l'y vit se rouiller, se dissoudre, et enfin disparaître par la voie de l'absorption. Les instrumens dont il fait usage pour les diverses opérations sur l'œil, ne diffèrent pas de beaucoup de ceux qui sont employés communément.

Notre auteur procède ainsi qu'il suit pour opérer la cataracte solide chez les adultes et les enfans; il emploie le couteau représenté sur les planches qui accompagnent son ouvrage sous le n.° 4, espèce d'aiguille fort étroite, applatie, et dont les bords sont tranchans. L'œil étant fixé par un spéculum, il plonge l'instrument dans la sclérotique, une ligne derrière l'iris, les faces étant parallèles à cette membrane; il le fait pénétrer dans la chambre postérieure, ensuite dans la chambre antérieure, jusqu'à ce que la pointe soit très-voisine du bord nazal de la pupille; alors, faisant exécuter à l'instrument un mouvement de demi-rotation, il donne un coup en arrière, de manière à couper par le milieu la lentille et la capsule; par différens mouvemens il coupe ensuite les deux moitiés en plusieurs portions, en mettant un soin tout particulier à détacher la capsule et ses adhérences aux procès ciliaires, après quoi, replaçant l'instrument de champ comme il était en entrant dans l'œil, il fait, en agissant avec le plat, passer les portions de cristallin et de la capsule dans la chambre antérieure, où elles sont ensuite promptement absorbées.

M. Adams met beaucoup d'importance à ce que l'on divise en mêmetems la capsule et le cristallin; non-seulement, dit-il, on évite par là une cataracte secondaire, mais il est bien plus facile de couper la capsule que si le cristallin avait primitivement été enlevé de sa cavité. La section horisontale du cristallin a l'avantage d'empêcher la capsule de se détacher trop tôt de ses adhérences aux procès ciliaires, et le cristallin de rouler sur lui-même et de passer en totalité dans la chambre antérieure; ce procédé a beaucoup d'analogie avec celui qui est employé en France sous le nom de procédé du broiement.

Pour la cataracte fluide, c'est le même instrument et à peu près le même procédé d'opérations, avec la différence qu'on n'a à s'occuper que de la capsule cristalline, qui est ordinairement opaque.

M. Adams préfère, pour opérer la cataracte capsulaire, une aiguille qui diffère un peu de celle qui a été décrite par Scarpa et de celle dont nous nous servons pour l'opération par abaissement; le procédé opératoire consiste à mettre en lambeaux la capsule, et la soumettre à la force absorbante des chambres de l'œil.

Quand la capsule est trop épaisse et qu'il est difficile de la déchirer, M. Adams se contente de la détacher de ses adhérences, la capsule revient sur elle-même et occupe, jusqu'à ce qu'elle soit entièrement absorbée, un point de la chambre postérieure ou antérieure. Comme à raison de son poids elle en occupe la partie inférieure, elle ne s'oppose point au passage des rayons lumineux. Si la capsule est adhérente à la face postérieure de l'iris, M. Adams, au lieu de la partager en lambeaux et de la faire passer dans la chambre antérieure, comme Scarpa le conseille, se contente de la séparer avec précaution de toutes ses adhérences, et de la laisser seulement attachée par un point de sa circonférence aux procès ciliaires, en sorte qu'elle ne puisse balotter, et qu'elle reste fixée à la face postérieure de l'iris où elle est absorbée plus ou moins promptement, et où d'ailleurs elle cause peu d'irritation.

M. Adams a vu de ces capsules rester ainsi dans la chambre postérieure plus de deux mois sans provoquer aucun accident, ni même gêner la vision; en général il est fort avantageux de les partager en plusieurs portions, car alors l'absorption est plus prompte.

M. Adams a un procédé particulier pour opérer les cataractes solides chez les vieillards; à cet âge le centre du cristallin est tellement dur, que l'aiguille ne peut l'entamer. Alors M. Adams se sert d'un instrument un peu plus fort, avec lequel il coupe le cristallin par tranches verticales, ayant soin d'éviter de rien changer à la situation de la partie; les fragmens sont poussés dans la chambre antérieure. La place qu'ils occupaient est remplie par l'humeur aqueuse qui ramollit ce qui reste du cristallin et permet de le couper entièrement par tranches dans une seconde ou une troisième opération, en même tems qu'elle empêche le cristallin de se rapprocher de l'iris. Il ne faut pas mettre trop d'intervalle entre les opérations, car le noyau du cristallin pourrait se détacher, venir toucher l'iris, causer de l'irritation, et passer enfin dans la chambre antérieure, où, en raison de sa dureté, il ne serait pas absorbé, et où il nécessiterait, pour son extraction, l'incision de la cornée.

Cette dernière partie de l'ouvrage est encore suivie d'un grand nombre d'observations intéressantes et très-bien faites.

L'ouvrage est terminé par un *post scriptum*, où l'auteur élève des doutes, qui paraissent fondés, sur les signes auxquels on reconnaît la complication de l'amaurose avec la cataracte; il cite encore des exemples à l'appui de ses idées.   F. M.

Extrait d'une lettre du chevalier BLAGDEN *à* M. *le comte* BERTHOLET.

ANATOMIE.

Société philomat.

« ON a trouvé un fœtus dans l'abdomen d'un garçon mort à l'âge d'environ seize ans. La tête et une des jambes manquent; le reste est passablement bien conformé. L'insection du cordon ombilical s'était faite au péritoine, près de l'épine du dos. On en prépare la description. Ce cas ressemble assez à celui qui arriva aux environs de Rouen il y a près de dix ans. »

A Treatise on new Philosophical Instrumens for various purposes in the arts and sciences with experiments on light and colours; by David BREWSTER. 1 vol. in-8° de 427 pag. et de 12 pl., imprimé à Edimburgh en 1813.

L'OUVRAGE dont nous allons présenter l'analyse est divisé en cinq livres. OUVRAGE NOUVEAU.

Dans le premier, l'auteur donne une description détaillée des micromètres qui peuvent être appliqués, soit aux télescopes ou lunettes astronomiques, soit aux microscopes proprement dits. Quelques-uns de ces instrumens sont entièrement nouveaux : d'autres présentent de simples modifications sur lesquelles il nous serait difficile d'avoir une opinion arrêtée, jusqu'à ce qu'il nous ait été possible de terminer des expériences que nous avons déjà commencées, et qui nous fourniront peut-être par la suite l'occasion de revenir sur cet objet intéressant. Nous nous trouverons obligés, par les mêmes raisons, de passer aujourd'hui légèrement sur le second livre, où l'auteur donne la description d'un nouveau goniomètre à réflexion, pour la mesure des angles des cristaux ; d'un autre instrument du même genre, à double image ; d'un micromètre angulaire à fils, et de quelques autres appareils destinés à donner l'angle formé par deux lignes, lorsque l'œil ne peut pas être placé à leur point de concours.

Dans le troisième livre de son ouvrage, M. Brewster s'occupe des instrumens qui peuvent servir à mesurer promptement des bases ou des distances. Tout le monde sait que, pour résoudre ce problême, il suffit de mesurer l'angle que soutend une mire de dimensions connues et placée d'une manière convenable, verticalement, par exemple; bien entendu qu'une erreur d'un certain nombre de secondes dans l'évaluation de cet angle occasionne, toutes choses égales, une erreur d'autant plus grande sur le calcul de la distance, que l'angle est plus aigu. Malheureusement, dans la plupart des micromètres, les erreurs auxquelles on est exposé augmentent, au-delà de certaines limites, à mesure que l'angle devient plus ouvert. Aussi le sextant à réflexion, qui n'a pas ce défaut, et qu'on peut appliquer d'ailleurs à des observations si utiles et si variées , nous semble-t-il être l'instrument le plus propre à résoudre toutes les questions de ce genre. Quoi qu'il en soit, plusieurs physiciens et artistes très-habiles ont cherché à suppléer à l'usage des instrumens à réflexion par des moyens qui, s'ils n'ont pas la même exactitude , ont du moins l'avantage de n'exiger presque aucune pratique de la part de celui qui les emploie. Au nombre de ces instrumens on doit placer en première ligne la lunette à cristal de roche de M. Rochon, dont les astronomes peuvent tirer un parti si avantageux pour la mesure des petits angles, et le micromètre de Ramsden, dont on se sert encore dans la marine anglaise. Ce micromètre, qu'on pourrait appeler un héliomètre oculaire, peut s'adapter à toutes sortes de lunettes, car il ne diffère d'un oculaire ordinaire qu'en ce que la lentille est coupée par le milieu ; les objets sont simples lorsque les centres des deux demi-lentilles coïncident, mais pour peu que ces centres soient éloignés, il se forme deux images, et l'intervalle qui les sépare devient d'autant plus grand, que les deux segmens de l'oculaire sont plus éloignés de la position primitive. On voit en un mot que le mouvement des images, qui, dans l'héliomètre de Bouguer, s'obtient par le déplacement des deux moitiés de l'objectif, est produit, dans l'instrument de Ramsden, par le déplacement des deux moitiés de la lentille oculaire. M. Brewster a imaginé une troisième combinaison, qui permet également de séparer plus ou moins les images d'un objet éloigné ; pour cela il place, entre l'objectif et l'oculaire d'une lunette, un second objectif coupé par le milieu, et qui de plus est mobile le long du tuyau. Les centres des deux demi-objectifs ne coïncident pas, mais leur écartement est constant pendant les observations. Cela posé, on voit facilement que si l'on fait mouvoir cet objectif le long de l'axe, le grossissement de la lunette variera très-sensiblement ; en sorte que, pour apercevoir avec netteté l'objet qu'on observe, il faudra continuellement déplacer l'oculaire : mais il est clair en même tems que les centres des deux images s'éloigneront ou s'approcheront l'un de l'autre, tout comme s'il avait été possible de séparer les deux demi-lentilles dans la direction de leur diamètre commun. Qu'on substitue en un mot une lentille double au double prisme de verre ordinaire dont M. Rochon se servait anciennement dans la construction de ses micromètres, et l'on aura le nouvel instrument du docteur Brewster.

Tout le monde sait que, pour mesurer le diamètre d'un objet avec un micromètre ordinaire, on cherche à le comprendre le plus exactement possible entre deux fils, dont l'un est fixe et l'autre mobile, à l'aide d'une vis. M. Brewster propose de laisser les fils à une distance invariable, et d'augmenter, par un moyen optique, la grandeur apparente de l'objet qu'on veut mesurer, jusqu'au moment où il remplit exactement l'espace compris entre les deux fils fixes. Dans le premier cas, la valeur qu'on cherche est exprimée en révolutions de la vis ; dans le second, les angles sont mesurés par les changemens qu'il faut apporter aux grossissemens pour que le diamètre apparent de l'objet qu'on observe soit égal à l'intervalle invariable des fils fixes, et l'on n'a plus à craindre les erreurs considérables que le tems perdu de la vis peut occasionner. La variation graduelle du pouvoir amplifiant peut d'ailleurs s'obtenir, comme l'indique M. Brewster, en plaçant entre l'objectif de

la lunette et son foyer une lentille qui soit mobile le long du
tuyau (1).

Nous ne donnerons aucun détail sur un genre particulier de micromètre que M. Brewster croit propre à mesurer des distances pendant
la nuit, ni sur le parti qu'on peut tirer du changement de foyer d'une lunette pour résoudre ce même problême lorsque les distances sont petites,
et nous passerons de suite à la partie la plus intéressante de l'ouvrage,
je veux dire aux résultats que l'auteur a obtenus sur les pouvoirs
réfractifs et dispersifs d'un grand nombre de substances.

Le moyen le plus généralement employé pour mesurer la force
réfractive d'un corps est de le façonner en prisme, et de déterminer
ensuite la déviation que les rayons éprouvent en le traversant. Pour
un liquide, on peut, à l'exemple d'Euler, l'introduire entre deux
ménisques, et déduire la valeur de son pouvoir réfringent de l'observation
de la distance focale de la lentille composée; mais ces deux méthodes,
les plus précises que l'on connaisse, sont insuffisantes ou inapplicables
lorsqu'il s'agit de ces corps dont on n'a que de très-petits échantillons,
ou qui ne sont que très-imparfaitement diaphanes ; dans ces cas, on
peut avoir recours à la méthode que le docteur Wollaston a publiée
dans les *Transactions philosophiques* pour 1802, car elle s'applique
également bien aux substances opaques ou transparentes, quelque petits
que soient les fragmens dont on peut disposer. Voici maintenant le
procédé du docteur Brewster.

Si l'on pose une lame plane de verre devant la lentille objective d'un
microscope, on forme une petite chambre plano-concave, terminée
d'un côté par la surface convexe de la lentille, et de l'autre par celle du
verre plan, et qui, étant remplie d'air, n'altérera pas la distance focale de
l'instrument; mais lorsqu'on introduit dans ce même espace un liquide
quelconque, de l'eau, par exemple, c'est comme si l'on ajoutait à la
composition primitive du microscope une nouvelle lentille d'eau plano-
concave, dont l'effet sera d'augmenter sensiblement la divergence sous
laquelle les rayons qui partent d'un point déterminé auraient rencontré
la lentille objective. Il résulte de là que si ce point se voyait d'abord
distinctement, il faudrait, pour lui conserver ensuite la même netteté,

---

(1) Un instrument entièrement semblable à celui-là avait été employé par Roëmer
et Lahyre, comme on peut le voir dans le Recueil de l'Académie des sciences pour
1701. M. Brewster n'avait sûrement pas connaissance de ces Mémoires, car il propose,
dans un autre chapitre de son ouvrage (page 76), de substituer des fils de verre
aux fils métalliques ou d'araignée dont on se sert communément dans le micromètre,
et cela sans citer Lahyre, qui avait eu la même idée il y a plus de cent ans, et qui
de plus avait décrit avec détail les moyens ingénieux dont on se sert pour obtenir
ces filamens; ce même astronome paraît aussi s'être occupé le premier des micromètres qu'on peut tracer sur verre avec la pointe d'un diamant. (*Voyez* Mémoires de
l'Académie, 1701, pag. 119 et suivantes.)

l'éloigner davantage de l'objectif, et compenser par là le surcroît de divergence qu'occasionne l'interposition de la lentille d'eau. Il est clair encore que cette divergence sera d'autant plus grande, que la force réfringente de cette nouvelle lentille sera elle-même plus considérable; en sorte qu'on pourra prendre pour mesures de cette force les distances diverses auxquelles il faudra placer l'objet pour la vision distincte. On en déduira ensuite le rapport du sinus d'incidence au sinus de réfraction par des formules assez simples.

Lorsque la substance dont on veut mesurer ainsi la réfraction est molle et peu diaphane, on presse le verre plan contre l'objectif du microscope, à l'aide d'une vis, et par là on réduit la couche interposée à un degré de ténuité très-grand. M. Brewster a obtenu ainsi des lentilles plano-concaves parfaitement transparentes, d'aloès, de poix, d'opium, de caoutchouc, etc.

En appliquant cette méthode microscopique à l'examen des qualités réfractives des différentes parties dont l'œil se compose, M. Brewster a trouvé que l'humeur aqueuse et l'humeur vitrée ont exactement la même réfraction, et qu'elle est un peu plus considérable que celle de l'eau pure.

Quant au fluide blanchâtre qui est compris entre le cristallin et sa capsule, il réfracte sensiblement plus que les précédens.

Dans ces expériences, comme dans celles que d'autres physiciens avaient déjà faites sur des animaux d'espèces différentes (1), on a trouvé que la densité du cristallin augmente très-rapidement en allant de la surface au centre, en sorte que cette augmentation, qui doit contribuer si puissamment à la netteté de la vision, peut être regardée comme une loi générale de l'organisation animale.

Hauksbée avait déjà déterminé anciennement les pouvoirs réfringens d'un grand nombre d'huiles essentielles et volatiles; M. Brewster a beaucoup augmenté cette liste, et a découvert plusieurs résultats intéressans. La grande force réfractive de l'huile de cassia, par exemple, pourra trouver d'utiles applications dans plusieurs recherches d'optique, car ce liquide réfracte la lumière plus fortement que le flint-glass le plus lourd dont les opticiens se soient servis jusqu'à présent dans la construction des lunettes astronomiques.

Le rapport du sinus d'incidence au sinus de réfraction, pour un rayon qui passerait de l'air dans le phosphore, est, suivant M. Brewster, 2,224; par où l'on voit que la réfraction de ce combustible est comprise entre la réfraction du diamant et celle du soufre. M. Wollaston avait trouvé un nombre beaucoup plus petit, mais cette différence a tenu probablement à la présence d'une légère couche d'acide phosphorique,

____

(1) Les fluides dont M. Brewster a mesuré la réfraction, avaient été extraits des yeux d'une jeune merluche et d'un agneau.

et l'on aurait tort d'en rien conclure contre l'exactitude des principes sur lesquels sa méthode se fonde.

Le chromate de plomb (plomb rouge de Sibérie) jouit d'une double réfraction environ trois fois plus considérable que celle du spath calcaire ; et, ce qui mérite d'être remarqué, chacune de ces réfractions est plus grande que celle du diamant.

Le rapport du sinus d'incidence au sinus de réfraction, pour le réalgar, est 2,549 ; ce même rapport, pour le diamant, n'atteint pas 2,50 ; d'où il résulte que le chromate de plomb et le réalgar sont, parmi tous les corps diaphanes connus, ceux qui réfractent le plus fortement la lumière.

Le chapitre III du quatrième livre est consacré à l'examen des pouvoirs dispersifs. Pour les déterminer, M. Brewster se sert d'un prisme à *angle variable*, qui ne nous paraît pas différer bien essentiellement de l'ingénieux instrument que M. Rochon présenta à l'Académie des sciences en 1776, et qu'il a décrit depuis, sous le nom de *diasporamètre*, dans le *Recueil de Mémoires sur la mécanique et la physique*, imprimé en 1783. Dans les deux méthodes, on fait varier l'angle du prisme qu'on oppose à celui dont on veut mesurer la dispersion, en faisant tourner ce premier prisme parallèlement au plan qui partage son angle en deux parties égales, ou, ce qui revient au même, parallèlement à une de ses faces.

Il y a cependant entre les deux instrumens cette différence essentielle, que celui de M. Brewster ne détruisant les couleurs que dans un seul sens, il faut toujours viser à un objet rectiligne, tandis que la forme de la mire est indifférente lorsqu'on se sert du prisme variable de M. Rochon, qui fait disparaître les couleurs dans toutes les directions. On pourra donc, lorsqu'on le jugera convenable, diriger la lunette du diasporamètre au soleil et à la lune, par exemple, et observer par suite très-exactement l'instant de l'achromatisme, car les couleurs sont d'autant plus apparentes dans une position donnée des prismes, que la lumière est plus vive.

Le chromate de plomb et le réalgar, qui réfractent si fortement la lumière, occupent encore la première place dans la table des pouvoirs dispersifs. Pour le premier de ces minéraux, M. Brewster a trouvé que la dispersion est égale à six dixièmes de la réfraction, ce qui paraîtra énorme si l'on compare cette dispersion à celle du crown-glass, qui, déterminée par Newton et plusieurs autres physiciens, n'est pas seulement égale aux trois centièmes de la réfraction.

La dispersion de l'huile de cassia n'est surpassée que par celle du chromate de plomb et du réalgar ; et comme les échantillons de ces corps sont rares et très-peu diaphanes, on pourrait dire, à la rigueur, que l'huile de cassia est la plus dispersive de toutes les substances dont on peut tirer quelque parti en optique.

Nous avons annoncé plus haut que l'humeur aqueuse et l'humeur vitrée ont la même réfraction ; leurs pouvoirs dispersifs paraissent aussi être parfaitement égaux entre eux et à celui de l'eau distillée, en sorte que ces deux liquides ont exactement les mêmes qualités optiques.

Dans la table de M. Brewster, comme dans celle que Wollaston avait publiée en 1802, dans les *Transactions*, les corps composés d'acide fluorique occupent la dernière place ; la dispersion du spath fluor ne surpasse pas, suivant ces déterminations, le centième de la réfraction.

M. Brewster a trouvé par sa méthode deux expressions très-différentes de la force dispersive du spath calcaire, du carbonate de plomb, etc., etc., dont les unes correspondent à la réfraction ordinaire, et les autres à la réfraction extraordinaire, et en conclut que les corps doués de la double réfraction ont aussi deux pouvoirs de dispersion ; l'auteur regarde ce résultat comme le plus intéressant et le plus singulier qu'on puisse déduire de ses expériences (1).

Le chapitre IV du quatrième livre, dont il nous reste encore à parler, est uniquement consacré aux phénomènes de la polarisation de la lumière. M. Brewster annonce d'abord qu'un faisceau lumineux se polarise entièrement en traversant une agate taillée perpendiculairement aux lames dont elle se compose. On pourrait ajouter que le genre de la polarisation est directement contraire à celui que les rayons auraient acquis en se réfléchissant sur les lames, en sorte que, dans cette expérience, l'agate agit exactement comme une pile de plaques.

Un rayon polarisé qui rencontre une agate la traverse en partie, ou est entièrement réfléchi, comme le dit M. Brewster, suivant que les lames sont perpendiculaires ou parallèles au plan de polarisation. C'est précisément ainsi, comme il est facile de s'en assurer, que se comporterait une pile de plaques dont les élémens seraient parallèles aux lames de l'agate.

En suivant ainsi pas à pas les phénomènes que l'agate présente, on reconnaît bientôt qu'elle n'imprime aucune *nouvelle propriété* à la lumière, et qu'elle doit simplement être assimilée à la pile de plaques dont Malus avait décrit les propriétés au commencement de 1811. (*Voyez* le Moniteur du.... mois de mars, et Nouv. Bull. Sc., vol. II, pag. 252, 291 et 320.)

______

(1) M. Brewster avait été prévenu par M. Rochon dans la découverte de la double dispersion des cristaux. (*Voyez* le Recueil de Mémoires que nous avons cité plus haut, année 1783 , p. 316.) Cette double dispersion est même la principale difficulté qu'on ait rencontrée lorsque, pour mesurer le diamètre du soleil, on a voulu substituer des prismes de cristal d'Islande aux prismes de cristal de roche dont on se sert avec tant de succès dans la mesure des petits angles. Obligé de renoncer à l'emploi du carbonate de chaux à cause des couleurs qu'on ne pouvait détruire, M. Rochon a imaginé divers moyens d'augmenter la séparation des images avec le cristal de roche, mais sans pouvoir, même dans ce cas, anéantir entièrement l'effet de la double dispersion.

Lorsqu'on soumet un rayon déjà polarisé à l'action d'un cristal doué de la double réfraction, il se décompose en deux rayons, qui sont polarisés, l'un par rapport à la section principale du cristal, et l'autre par rapport à un plan perpendiculaire à celui-là, excepté dans le seul cas où le plan primitif de polarisation serait lui-même perpendiculaire ou parallèle à la section principale. On déduit de là un moyen très-simple de reconnaître si un corps est doué de la double réfraction, quelles que soient son épaisseur et sa forme extérieure. (*Voyez*, dans le Moniteur du 31 août 1811, et dans le Nouv. Bull. Sc., vol. II, pag. 358, 371 et 387, l'extrait d'un Mémoire de M. Arago.)

Lorsqu'un corps est composé de molécules dont les axes ne sont pas parallèles, il semble dépolariser la lumière dans tous les sens; c'est là le cas de la corne, de l'ivoire (*Voyez* le Mémoire de Malus, Moniteur du 4 septembre 1811), du savon transparent, et même de certains fragmens de verre ordinaire, comme j'ai eu l'occasion de m'en convaincre. (1)

Quelques corps enfin, tels que le diamant, le sel gemme, l'ambre, le spath fluor, etc., ne paraissent exercer aucune action particulière sur la lumière polarisée qui les traverse; mais ceci ne tient pas, comme le docteur Brewster paraît le croire, au sens des coupes, mais à la seule circonstance que ces corps ne jouissent pas de la double réfraction.

Les expériences que l'auteur rapporte, relativement à la dépolarisation colorée de la lumière par le mica, ne diffèrent pas de celles qui avaient été faites en France plus de deux ans auparavant, et imprimées par extrait dans le Moniteur du 31 août 1811.

La lumière que les métaux réfléchissent est partiellement polarisée; mais lorsqu'on examine cette lumière avec un cristal doué de la double réfraction, la différence d'intensité des deux images est tellement faible, qu'elle avait échappé aux premières expériences de Malus. Ce même physicien avait prouvé ensuite que les métaux dépolarisent les rayons dans les mêmes circonstances que les corps diaphanes, et il avait cru pouvoir en conclure qu'ils agissent aussi de même sur les rayons naturels. On a, depuis, montré la vérité de cette conjecture, en interposant une lame de mica, de sulfate de chaux, etc., entre le miroir de métal et le cristal de spath calcaire dont on se sert pour analyser la lumière réfléchie. Avant l'interposition de la lame, l'existence d'un certain nombre de rayons polarisés se serait manifestée par une inégalité difficile à apercevoir entre la vivacité des deux images; la présence de la lame transforme cette différence d'intensité en une différence de teinte d'autant plus aisée à reconnaître, que les couleurs des deux

---

(1) Le verre qui a été refoulé, quelle que soit sa nature, a presque toujours des axes, et semble par conséquent devoir être assimilé aux corps cristallisés.

images sont complémentaires, et par conséquent très-différentes l'une de l'autre. Tels sont les deux moyens dont on s'était servi en France pour reconnaître d'abord que les miroirs métalliques et les miroirs diaphanes exercent des actions analogues sur la lumière *déjà polarisée*; et ensuite, ce qui pourrait ne pas être regardé comme une conséquence immédiate du premier résultat, que la lumière *naturelle* est elle-même partiellement polarisée après sa réflexion sur un miroir de métal (1). Ce dernier procédé est celui que M. Brewster rapporte dans son ouvrage (2).

Le même moyen, appliqué à l'analyse de la lumière que l'atmosphère réfléchit, prouve qu'elle est partiellement polarisée (*Voyez* les Mémoires de l'Institut pour 1811, imprimés en 1812). M. Brewster paraît penser que ce résultat, auquel il est arrivé de la même manière, peut servir à démontrer la fausseté de l'opinion avancée par Eberhard et Euler, que notre atmosphère a une couleur propre; mais ne faudrait-il pas pour cela que les rayons qui forment le bleu du ciel fussent entièrement polarisés? A plus forte raison ne peut-on en rien conclure contre l'explication plus ancienne, et d'ailleurs si vague, de Otto-Guericke, Wolf, Muschenbroeck, etc. (3).

A peine les expériences de Malus eurent-elles fait connaître que les rayons réfléchis ont des propriétés différentes de celles des rayons directs, qu'on songea à analyser la lumière de la lune avec un cristal doué de la double réfraction, afin de soumettre à une épreuve décisive l'idée,

---

(1) *Voyez*, dans le Nouveau Bulletin des Sciences, vol. II, pag. 320, le Mémoire où Malus a donné ses expériences sur la dépolarisation des rayons par les miroirs opaques ou diaphanes; et, dans les Mémoires de l'Institut pour 1811, les remarques que j'avais eu l'occasion de faire sur la polarisation partielle qu'éprouve la lumière naturelle en se réfléchissant sur un métal.

(2) Pour compléter ce qui a rapport aux métaux, il faudrait assigner l'angle de la polarisation pour chacun d'eux, et déterminer la proportion de lumière polarisée qui est contenue, sous toutes les incidences, dans le faisceau réfléchi. Tel sera l'objet d'une note que nous insérerons dans une des prochaines Livraisons.

(3) La méthode dont je me suis servi pour déterminer la quantité de rayons polarisés qui sont contenus, sous tous les incidences possibles, dans les faisceaux réfléchis par les miroirs métalliques, m'a aussi fait connaître avec exactitude l'angle de la polarisation sur l'air, et la loi suivant laquelle varie le rapport de la lumière polarisée à la lumière totale, à mesure que les points qu'on observe sont plus ou moins éloignés du soleil. Je reviendrai sur cet objet avec plus de détail dans une autre circonstance; je me contenterai de rapporter aujourd'hui, par anticipation, un phénomène qui me semble digne de remarque.

Lorsque le soleil se couche, la lumière que nous réfléchit le point de l'atmosphère diamétralement opposé à cet astre contient un bon nombre de rayons polarisés par *réfraction* : à une certaine hauteur, variable avec celle du soleil, et dans le même azimuth, les rayons jouissent des propriétés de la lumière ordinaire; passé ce point, et en se rapprochant du soleil, la lumière est polarisée par *réflexion*.

adoptée par quelques observateurs, que les parties obscures de cet astre sont des mers. A dire vrai, cette expérience était presque inutile, car les astronomes, qui dans ces derniers tems s'étaient beaucoup occupés de la mesure des diamètres des astres avec la lunette à cristal de roche de M. Rochon, n'auraient pas manqué d'apercevoir un phénomène aussi frappant que la disparition totale de quelques taches sur une des images de la lune, lorsque d'ailleurs, par opposition, les mêmes points auraient eu au contraire, dans l'autre image, une intensité double de celles des parties circonvoisines. Quoi qu'il en soit, en répétant fréquemment ces épreuves pour toutes les positions de la lune, et avec des lunettes qui permettaient de distinguer les plus petites parties de cet astre, on n'a jamais aperçu, je ne dirai pas de polarisation complète, mais pas même de polarisation partielle assez sensible pour qu'elle pût se reconnaître facilement par la différence d'intensité; mais en posant une lame convenable de mica, de sulfate de chaux ou de cristal de roche devant l'objectif de la lunette prismatique, on voit les deux images de la lune se teindre, dans toute leur étendue, de couleurs complémentaires très-pâles, et qui sont cependant plus visibles dans les parties obscures, telles que *mare crisium, mare serenitatis,* etc., que dans les taches brillantes de *manilius, aristarque,* etc. Je n'ai pas besoin de dire que c'est seulement dans le voisinage de la quadrature que l'expérience réussit, et que le jour de l'opposition, par exemple, les deux images de la lune seraient blanches, et auraient exactement la même intensité. Je suis entré dans quelques détails sur cette question, dont M. Brewster annonce vouloir s'occuper, afin de montrer, par un exemple très-simple, le parti qu'on pourra tirer des nouvelles propriétés de la lumière dans plusieurs recherches d'astronomie physique.

M. Brewster a consacré un paragraphe entier du livre qui nous occupe, à la description des couleurs qui prennent naissance dans les fissures de certains cristaux de carbonate de chaux; ces phénomènes, qui avaient été déjà examinés anciennement par Benjamin Martin et M. Brougham, ont été rattachés depuis par Malus aux lois ordinaires de la double réfraction. (*Voyez* le Traité de la double réfraction.)

Nous regrettons que la trop grande étendue de cet extrait nous prive du plaisir que nous aurions eu à rendre compte du cinquième livre, où l'auteur a réuni les expériences intéressantes qu'il a faites sur les réfractions très-inégales que les rayons d'une même teinte éprouvent en traversant des milieux de nature différente. Les opticiens trouveront dans ce livre, le dernier de l'ouvrage, des observations curieuses, dont ils pourront tirer parti dans une foule de circonstances, sur les combinaisons qui, dans la construction des instrumens d'optique, doivent conduire à l'achromatisme le plus parfait possible.

Nouvelles observations sur l'alcool et l'éther sulfurique ; par M. Th. de Saussure.

Chimie.

Institut.
14 mars 1814.

Ces recherches ont pour objet de déterminer la proportion des élémens de l'alcool et de l'éther. (1)

ANALYSE DE L'ALCOOL.

§. I.er

Décomposition de ce liquide.

Parmi les différens procédés qu'on peut suivre pour décomposer l'alcool, l'auteur a choisi celui qui consiste à faire passer lentement la vapeur de ce liquide dans un tube de porcelaine incandescent. $81^{gr},37$ de liqueur alcoolique qui contenait $70^{gr},14$ d'alcool de Richter, et $11^{gr},23$ d'eau, ont donné

1.º $0^{gr},05$ de charbon ;

2.º $0^{gr},41$ d'un mélange de cristaux volatils et d'huile essentielle brune. M. de Saussure a regardé ce produit comme étant formé de carbone $0^{gr},287$, d'oxygène $0^{gr},082$, d'hydrogène $0^{gr},041$.

3.º $16^{gr},59$ d'eau (2) unis à $0^{gr},65$ d'alcool de Richter, cela réduit la quantité d'alcool décomposé à $69^{gr},49$.

4.º Un produit gazeux formé de $1^{gr},181$ d'eau et d'hydrogène percarboné, qui pesait $59^{gr},069$, à la sécheresse extrême, et qui occupait un volume de $77,924$ litres à zéro du thermomètre, et à la pression de $0^{m},76$. (3)

La somme de ces produits, soustraite de la quantité d'alcool employée, donne une différence de $3^{gr},42$. M. de Saussure l'a répartie sur tous les produits.

---

(1) Les données qui servent de base au calcul des analyses de M. de Saussure sont les déterminations de MM. Biot et Arago, sur les pesanteurs spécifiques des gaz, le poids du décimètre cube d'air atmosphérique étant $1^{gr},293$ à zéro, à $0^{m},76$ de pression, et à la sécheresse extrême. M. de Saussure a admis que, dans les mêmes circonstances, le décimètre cube de gaz acide carbonique contient $0^{gr},5378$ de carbone, ou que 100 parties en poids de ce gaz sont formées de $72,63$ d'oxygène et $27,37$ de carbone. 100 parties d'eau en poids contiennent $88,3$ d'oxygène et $11,7$ d'hydrogène, le volume de ces gaz étant dans le composé :: $1 : 2$.

(2) Cette eau tenait en dissolution un peu d'acide acétique, ainsi qu'un atome d'ammoniaque et d'acide muriatique.

(3) Ce gaz contenait une quantité d'acide carbonique qui n'excédait pas $\frac{1}{100}$.

§. II.

Analyse du gaz hydrogène oxycarboné.

Le décimètre cube de ce gaz sec à la température de zéro et à la pression de $0^m,76$, pèse $0^{gr},75804$.

Cent mesures de ce gaz, qu'on fait détoner sur le mercure avec 300 mesures de gaz oxygène consument, 121,95 m. de ce dernier. Il se produit 81,15 m. de gaz acide carbonique, par conséquent, *le volume du gaz oxygène consumé est au volume du gaz acide carbonique produit comme 3 : 2*, et il y a eu 40,80 m. de gaz oxygène employées à brûler une quantité d'hydrogène qui est représentée par 81,60 mesures. Ces quantités de carbone et d'hydrogène sont dans le rapport qui constitue le gaz hydrogène percarboné, mais comme elles ne représentent pas les 100 mesures du gaz analysé, et que celui-ci ne contient pas d'azote, il faut conclure qu'il s'est produit de l'eau aux dépens d'une portion du gaz même, que, conséquemment, on peut représenter ce dernier comme étant formé d'hydrogène percarboné et d'eau réduits à leurs élémens.

M. de Saussure regarde le gaz hyd. oxyg. carboné sec comme étant formé en poids, de

Carbone.....	57,574	100 parties de g. hyd. percarboné.
Oxygène.....	28,466	ou
Hydrogène...	13,960	47,6 d'eau.
	100,000	

§. III.

De la proportion des élémens de l'alcool.

D'après les données précédentes, l'alcool de Richter doit être formé en poids, de

Carbone......	51,98
Oxygène......	34,32
Hydrogène....	13,70
	100,00

On trouve qu'il y a 9,15 d'hydrogène en excès sur 38,87 d'eau réduite à ses élémens, et que cet hydrogène en excès est au carbone dans le rapport de 1 : 5,68 qui est celui du gaz percarboné, d'où il suit que l'alcool peut être représenté par les élémens de

61,13 de gaz percarboné.................... 100
38,87 d'eau............................ 63,58

Analyse de l'éther sulfurique.

L'éther sulfurique qu'on fait passer dans un tube de porcelaine in-candescent, se comporte à la manière de l'alcool. — Le gaz hydrogène oxycarboné qu'on en obtient peut être représenté, comme celui de l'alcool, par de l'hydrogène percarboné, plus de l'eau réduits à leurs élémens; mais ces produits s'y trouvent dans une proportion différente ; dans le gaz de l'alcool, l'hydrogène percarboné est à l'eau :: 100 : 50 (1); dans le gaz de l'éther, le rapport :: 100 : 33,33.

M. de Saussure a fait l'analyse de l'éther de la manière suivante : il a introduit, au moyen d'un petit flacon 0^{gr},54 d'éther sulfurique (dont la pes. sp. était de 0,7155) dans 525,81 centimètres cubes de gaz oxygène sec à zéro et à 0^m,76 de pression, le gaz a occupé un espace égal à 687,23 cent. cubes; il a fait détoner ce gaz avec quatre fois son volume de gaz oxygène, et il a vu que les 0^{gr},54 d'éther avaient con-sumé 1027 centimètres de gaz oxygène et avaient produit 682,8 cent. de gaz acide carbonique, d'où il suit que l'éther est formé en poids, de

        Carbone..... 67,98
        Oxygène.... 17,62
        Hydrogène... 14,40
                     ‾‾‾‾‾‾‾
                     100,00

Il y a dans ces produits 12,07 d'hydrogène en excès sur 19,95 d'eau réduite à ses élémens, et l'hydrogène en excès est au carbone dans le rapport de 1 : 5,65, d'où il suit que l'éther sulfurique peut être représenté par,

        Gaz hyd. percarboné... 80,05........ 100
        Eau................... 19,95........ 25

Il est très-vraisemblable que si l'on pouvait obtenir l'alcool parfaite-ment privé d'eau étrangère à sa composition, on le trouverait repré-senté par les élémens de 100 p. d'hydrogène percarboné et 50 p. d'eau; par conséquent il contiendrait deux fois autant d'eau élémentaire que l'éther.

L'éther étant de l'alcool moins une certaine quantité d'eau, et le gaz hydrogène percarboné étant de l'alcool moins de l'eau, on conçoit comment, en employant parties égales d'alcool et d'acide sulfurique on obtient l'éther, et comment, en employant quatre parties de cet acide et une d'alcool on produit le gaz hydrogène per-carboné.   C.

---

(1) Ou, d'après l'expérience, :: 100 : 47,6.

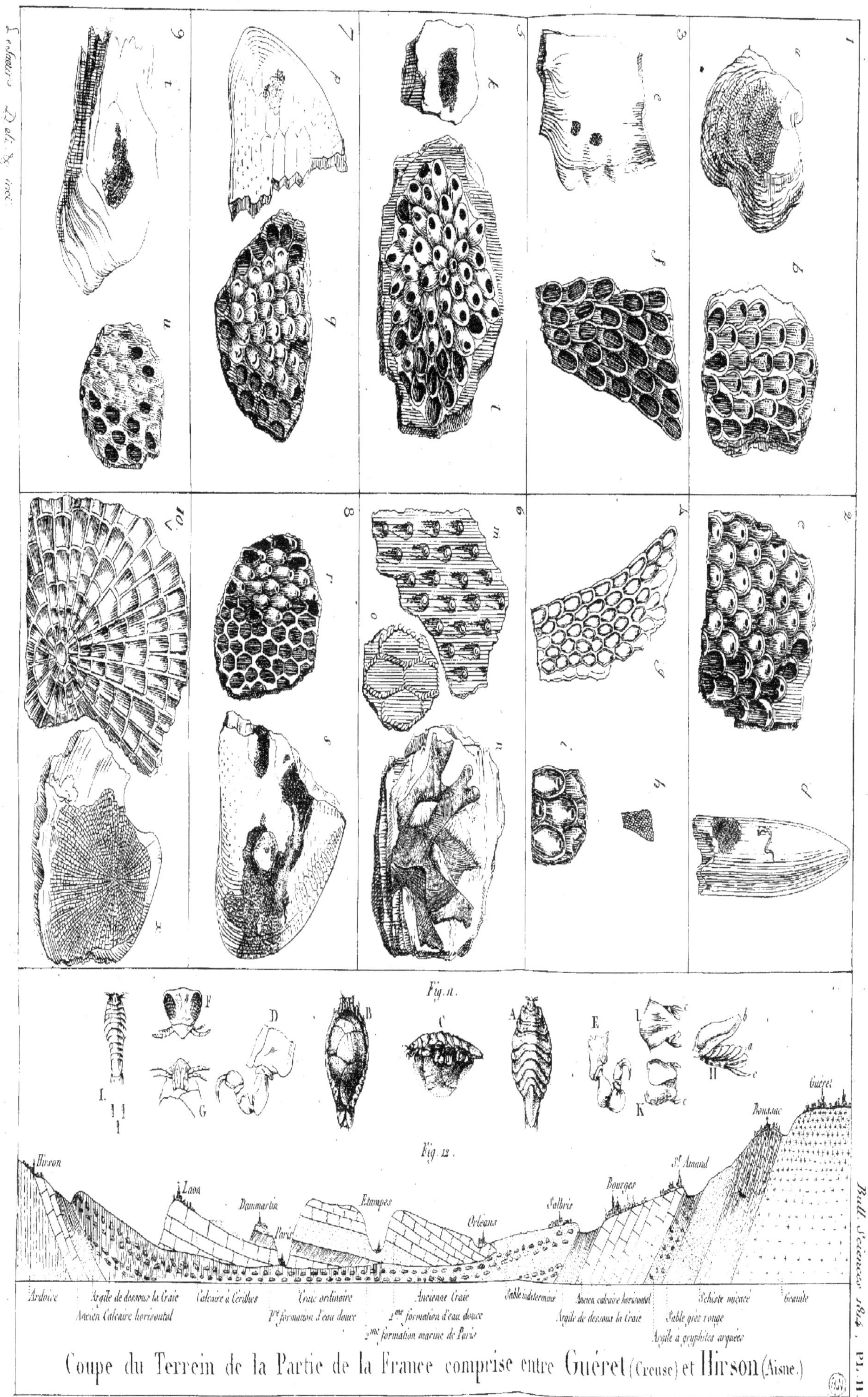

Coupe du Terrein de la Partie de la France comprise entre Guéret (Creuse) et Hirson (Aisne.)

1814.

Zoologie.

Société Philomat.

Sur une nouvelle espèce d'insecte du genre Cymothoa de Fabricius; par M. Le Sueur.

Un poisson des côtes de la terre de Whit (Nouvelle Hollande), du genre *Balistes*, ou plutôt d'un genre voisin de celui-ci, et que MM. Le Sueur et Péron en ont séparé en lui donnant le nom de *Balistapode*, leur a présenté un accident singulier. Sur la partie moyenne latérale et inférieure de ce poisson, on remarquait une ouverture située en arrière, par laquelle sortaient des organes qui semblaient appartenir à un insecte. M. Le Sueur ayant fait l'ouverture de cette Baliste, s'aperçut qu'elle renfermait effectivement un insecte aptère assez semblable au *pou des Baleines*, lequel se trouvait situé entre la peau extérieure et l'estomac de ce poisson.

Cet insecte (Pl. 2, fig. 12, A, B, C, grand. natur.)était une femelle, et rappelait, par la masse d'œufs ou plutôt de petits éclos qu'elle portait sous son ventre, le *Bopyrus squillarum* de Latreille. Le ventre de l'animal était appliqué contre la peau de la Baliste, le dos était tourné du côté de l'estomac de ce poisson, et les organes branchiaux sortaient seuls par l'ouverture dont nous avons parlé.

En cherchant à déterminer cet insecte à l'aide de la méthode de Latreille (*Genera crustaceorum et insectorum*), il est facile de se convaincre qu'il appartient au genre *Cymothoa*, parce qu'il est aptère, qu'il a sept paires de pattes, que sa tête est distincte, qu'il a quatre antennes (dont la paire antérieure est la plus forte), que ses pattes sont courtes, marginales, et terminées par un seul ongle crochu.(*Voy.* fig. 12, D, la seconde paire, et fig. E la sixième paire.)

Le corps est formé de sept segmens; la tête (fig. F et G) est petite, arrondie, avec un chapeau triangulaire en dessus et en avant, garnie de quatre petites antennes sétacées, lesquelles sont formées chacune de six articulations; les yeux sont très-noirs, composés et en réseaux; on voit au dessous de la tête deux organes longitudinaux assez semblables aux palpes extérieures des crustacées brachiures, et ayant à leur partie externe une sorte d'appendice formé de trois articulations. La bouche est peu distincte, et située sous le chaperon. (*Voyez* fig. G.)

Les sept segmens du corps sont légèrement convexes en dessus, le quatrième est le plus large, et l'ensemble de tous présente un ovale médiocrement allongé. La queue, qui vient ensuite, est plus longue que large, et légèrement carénée.

En dessous, le ventre est très-renflé, ou plutôt semble renflé par la présence des petits, au nombre de plus de trois cent cinquante. Ces petits sont contenus par six larges écailles attachées aux côtés de l'animal, et imbriquées entre elles (*Voyez* fig. B et C.). Les pattes sont latérales, les antérieures les plus fortes; toutes, formées de cinq articulations, sont raccourcies, repliées l'une sur l'autre, et terminées par un ongle crochu.

Les branchies (fig. H *a*) situées sous la queue, et composées de huit à dix paires de lames disposées en deux séries, et de longueur inégale entre elles, sont protégées par deux écailles (fig. H *b* et fig. K) aussi à recouvrement.

Au côté extérieur de chacune de ces lames se trouve un organe (fig. H *c*, I *c* et K *c*) formé de deux articulations, destiné vraisemblablement à nettoyer les branchies en jouant entre leurs lames. Celles-ci, examinées avec une forte loupe, au lieu d'être striées, comme celles de la plupart des animaux à branchies, sont pointillées assez finement.

La couleur générale de cet insecte est le blanc sale; les pattes et les lames qui recouvrent les branchies sont jaunâtres.

En écartant les lames de l'abdomen, il est facile de se procurer les petits. Ils ont tout au plus une ligne de long (*Voyez* fig. L.); leur forme est allongée, comparativement à celle de leur mère; leur tête est semblable, mais plus grosse à proportion; leurs sept segmens pédigères sont les plus larges, et leur queue, assez allongée, est formée de cinq segmens très-courts, et d'un sixième plus développé, semblable à celui de l'adulte. Les pattes sont aussi plus grêles, plus allongées, et moins crochues.

Peut-être les petits que M. Le Sueur a examinés étaient-ils des mâles, et la différence qu'on observe dans leurs formes ne provient-elle que de la différence de sexe.

Il est à remarquer que cette espèce est la seule qui vive sous la peau des poissons, et il est difficile d'imaginer par quel moyen elle parvient à se placer sous la peau des Balistes, qui est assez coriace, attendu qu'elle n'est pourvue d'aucun organe propre à percer cette peau.

Il parait que cette *Cymothoa* est commune dans les parages de la terre de Whit, car les deux seuls individus de la *Baliste* que MM. Le Sueur et Péron ont rapportés en étaient pourvus.

On sait que les autres espèces du même genre, connues jusqu'à ce jour, se placent sur les ouïes ou sur les autres parties molles des poissons ou des cétacées.

A cause de la ressemblance que l'on croit remarquer, au premier aperçu, de cette espèce avec le Bopyre, M. Le Sueur lui impose la dénomination de CYMOTHOÉE BOPYROÏDES, *Cymothoa Bopyroïdes.*

1814.

MATHÉMATIQUES.

Institut.
1er août 1814.

Mémoire sur les Surfaces élastiques ; par M. POISSON.

CE Mémoire est divisé en deux parties. La première est relative aux surfaces flexibles et non élastiques dont M. Lagrange a déjà donné l'équation d'équilibre, dans la nouvelle édition de la *Mécanique analytique* (1). Je parviens à la même équation par un moyen différent, qui a l'avantage de montrer à quelle restriction particulière elle est subordonnée. Elle suppose, en effet, chaque élément de la surface également tendu en tous sens ; condition qui n'est pas remplie dans un grand nombre de cas, et qui serait, par exemple, impossible dans le cas d'une surface pesante et inégalement épaisse. Pour résoudre complètement la question, il a fallu avoir égard à la différence des tensions qu'éprouve un même élément dans deux sens différens ; on trouve alors des équations d'équilibre qui comprennent celles de la mécanique analytique, mais qui sont beaucoup plus générales, et aussi plus compliquées.

La surface flexible présente, dans un cas particulier, un résultat digne d'être remarqué. Si l'on suppose tous ses points pressés par un fluide pesant, on obtient pour son équation celle que M. Laplace a trouvée pour la surface capillaire, concave ou convexe ; d'où il résulte que quand un liquide s'élève ou s'abaisse dans un tube capillaire, il prend la même forme qu'un linge flexible et imperméable qui serait rempli d'un fluide pesant.

Après avoir trouvé l'équation d'équilibre d'une surface flexible dont tous les points sont tirés ou poussés par des forces quelconques, il ne reste plus, pour en conclure l'équation de la surface élastique, qu'à comprendre au nombre de ces forces celles qui proviennent de l'élasticité : la détermination de cette espèce particulière de forces fait l'objet de la seconde partie de mon Mémoire, et voici sur quel principe elle est fondée.

Quelle que soit la cause de l'élasticité des corps, il est certain qu'elle consiste en une tendance de leurs molécules à se repousser mutuellement, et qu'on peut l'attribuer à une force répulsive qui s'exerce entre elles suivant une certaine fonction de leurs distances. D'ailleurs il est naturel de penser que cette force, ainsi que toutes les autres actions moléculaires, n'est sensible que jusqu'à des distances imperceptibles ; la fonction qui en exprime la loi doit donc être regardée comme nulle dès que la variable qui représente la distance n'est plus extrêmement petite : or on sait que de semblables fonctions disparaissent en général

---

(1) Tome I, page 149.

dans le calcul, et ne laissent dans les résultats définitifs que des intégrales totales ou des constantes arbitraires qui sont des données de l'observation. C'est, en effet, ce qui arrive dans la théorie des réfractions, et mieux encore dans la théorie de l'action capillaire, l'une des plus belles applications de l'analyse à la physique qui soient dues aux géomètres. Il en est de même dans la question présente, et c'est ce qui a permis d'exprimer les forces provenant de l'élasticité de la surface en quantités dépendantes uniquement de sa figure, telles que ses rayons de courbure principaux et leurs différences partielles. Substituant donc ces expressions à la place des forces, dans les équations générales de l'équilibre des surfaces, données dans la première partie du Mémoire, on parvient enfin à l'équation de la surface élastique qu'il s'agissait de trouver. Il serait impossible de donner dans cet extrait le détail des calculs qui conduisent à cette équation; nous nous contenterons donc de la faire connaître, en renvoyant, pour sa démonstration, au Mémoire même.

Soient x, y, z, les coordonnées d'un point quelconque de la surface, que nous appellerons m; considérons z comme fonction de x et y, et faisons, pour abréger,

$$\frac{dz}{dx} = p, \quad \frac{dz}{dy} = q, \quad \sqrt{1 + p^2 + q^2} = k.$$

Soient aussi ρ et ρ' les deux rayons de courbure principaux de cette surface, qui répondent au point m; désignons par P et Q deux fonctions de ces rayons, savoir :

$$P = \frac{1}{\rho} + \frac{1}{\rho'}, \quad Q = \frac{1}{\rho \rho'};$$

de sorte que l'on ait, d'après les formules connues,

$$P = \frac{1 + q^2}{k^3} \cdot \frac{d^2 z}{dx^2} - \frac{2pq}{k^3} \cdot \frac{d^2 z}{dx\, dy} + \frac{1 + p^2}{k^3} \cdot \frac{d^2 z}{dy^2},$$

$$Q = \frac{1}{k^4} \cdot \left(\frac{d^2 z}{dx^2} \cdot \frac{d^2 z}{dy^2} - \left(\frac{d^2 z}{dx\, dy} \right)^2 \right).$$

Représentons par x, y, z, les forces données qui agissent sur le point quelconque m, parallèlement aux axes des x, y, z; supposons ces forces telles que la formule $X\,dx + Y\,dy + Z\,dz$ soit la différentielle exacte d'une fonction de x, y, z, et désignons son intégrale par Π.

Enfin, supposons la surface élastique également épaisse dans toute son étendue, et soit ε son épaisseur constante : son équation d'équilibre sera

$$n^2 \, \varepsilon^2 \left[\frac{1+q^2}{k} \cdot \frac{d^2 P}{dx^2} - \frac{2pq}{k} \cdot \frac{d^2 P}{dx\,dy} + \frac{1+p^2}{k} \cdot \frac{d^2 P}{dy^2} - p P \frac{dP}{dx} - q P \frac{dP}{dy} \right.$$

$$\left. + \frac{kP}{2}(P^2 - 4Q) \right] = Z - pX - qY - kP\,\Pi. \qquad (a)$$

Le coëfficient n représente ici une constante qui dépend de l'élasticité naturelle de la surface; il est nul dans le cas des surfaces flexibles et non élastiques, ce qui réduit leur équation d'équilibre à

$$Z - pX - qY - kP\,\Pi = 0;$$

résultat qui coïncide avec celui de la mécanique analytique que j'ai cité plus haut.

Non seulement l'équation (a) suppose l'épaisseur constante; mais elle ne convient aussi qu'à une surface élastique naturellement plane, et elle ne comprend pas les surfaces, telles que les cloches et autres, dont la figure naturelle est courbe. Si l'on y supprime tout ce qui est relatif à l'une des deux coordonnées x et y, par exemple à y, la surface se changera en un cylindre parallèle à l'axe des x, et l'équation (a) devra alors coïncider avec l'équation ordinaire de la lame élastique; c'est, en effet, ce qu'il est aisé de vérifier après quelques transformations faciles à imaginer.

J'ai donné à la fin de ce Mémoire une autre manière de parvenir à l'équation de la surface élastique, déduite du principe des vitesses virtuelles. On sait ce qu'on entend par momens des forces, dans l'énoncé de ce principe; or, en déterminant les momens des forces élastiques en un point quelconque de la surface, et en ayant égard aux autres forces données qui lui sont appliquées, on trouve qu'elle est parmi toutes les surfaces de même étendue, celle dans laquelle l'intégrale double.

$$\iint \left[\left(\frac{1}{\rho} - \frac{1}{\rho'} \right)^2 - \Pi \right] k \, dx \, dy$$

est un *maximum* ou un *minimum* : ρ, ρ', Π et k représentant les mêmes quantités que ci-dessus, et l'intégrale devant s'étendre à la surface entière. On peut donc trouver immédiatement son équation, au moyen des formules générales du calcul des variations; et cette manière d'y parvenir est plus simple que la première dont j'ai fait usage; mais elle conduit à une équation beaucoup plus compliquée que l'équation (a): ce n'est même que par un artifice particulier que je suis parvenu à vérifier l'identité de ces deux équations. Au reste, dans une pareille matière, il n'était pas inutile de conserver deux méthodes aussi différentes l'une de l'autre, et qui conduisent cependant au même résultat.

La recherche des équations d'équilibre des surfaces élastiques appartient à la mécanique générale ; c'est uniquement sous ce rapport que
je l'ai considérée dans ce Mémoire ; mais cette théorie comprend comme
application une des branches les plus étendues et les plus curieuses
de l'acoustique. Je veux parler des lois que suivent les vibrations des
plaques élastiques, des figures qu'elles présentent, et des sons qu'elles
font entendre pendant leur mouvement. En effet, l'équation fondamen-
tale qui doit servir à déterminer les petites oscillations d'une plaque
sonore, se déduit de son équation d'équilibre, par les principes ordinaires de la mécanique. Supposons donc que la plaque s'écarte très-peu
d'un plan fixe qui sera celui de x, y, et négligeons, en conséquence,
toutes les quantités de seconde dimension, par rapport à z et à ses
différences partielles : l'équation (a) se réduira d'abord à

$$Z - p\,X - q\,Y = \Pi \left(\frac{d^2 z}{dx^2} + \frac{d^2 z}{dy^2} \right) + n^2 \varepsilon^2 \left(\frac{d^4 z}{dx^4} + 2 \frac{d^4 z}{dx^2\, dy^2} + \frac{d^4 z}{dy^4} \right).$$

De plus, faisons abstraction du poids de la plaque, et supposons, comme
dans les problêmes des cordes et des lames vibrantes, que chaque
point de la plaque reste, pendant le mouvement, dans une même
perpendiculaire au plan fixe ; t étant la variable qui représente le tems,
il faudra faire alors

$$X = 0, \quad Y = 0, \quad Z = -\,\varepsilon\, \frac{d^2 z}{dt^2} ;$$

l'intégrale Π se réduira à une constante arbitraire, que j'appellerai c ;
et l'équation du mouvement sera enfin

$$\varepsilon \frac{d^2 z}{dt^2} + c \left(\frac{d^2 z}{dx^2} + \frac{d^2 z}{dy^2} \right) + n^2 \varepsilon^2 \left(\frac{d^4 z}{dx^4} + 2 \frac{d^4 z}{dx^2\, dy^2} + \frac{d^4 z}{dy^4} \right) = 0.$$

J'ai démontré, dans mon Mémoire, que cette constante c dépend
des forces qui tirent la surface à ses extrémités, et qui produisent ce
qu'on appelle la tension. Elle est nulle quand ces forces n'existent pas ;
ce qui réduit notre équation à

$$\frac{d^2 z}{dt^2} + n^2 \varepsilon \left(\frac{d^4 z}{dx^4} + 2 \frac{d^4 z}{dx^2\, dy^2} + \frac{d^4 z}{dy^4} \right) = 0. \qquad (b)$$

Mais si l'on voulait considérer les surfaces tendues, telles que les tam-
bours, par exemple, il faudrait, au contraire, conserver la constante c,
et supposer $n = 0$; ce qui donne, en changeant le signe de c,

$$\varepsilon \frac{d^2 z}{dt^2} = c \left(\frac{d^2 z}{dx^2} + \frac{d^2 z}{dy^2} \right) ;$$

équation déjà trouvée par Euler, et qui est aussi celle dont MM. Biot et Brisson se sont servis pour déterminer quelques propriétés des vibrations des surfaces tendues.

Il y a environ cinq ans, la première classe de l'Institut a proposé, comme sujet de prix, la théorie mathématique des vibrations des plaques sonores, vérifiée par la comparaison avec l'expérience ; mais, depuis cette époque, on n'a reçu qu'une seule pièce digne de l'attention de la classe (1). Au commencement de ce Mémoire, l'auteur anonyme pose, sans preuve suffisante, ou même tout-à-fait sans démonstration, une équation qui est précisément notre équation (b). Il y a satisfait par des intégrales particulières, composées d'exponentielles, de sinus et de cosinus ; et en cela il suit l'exemple qu'Euler a donné en plusieurs endroits, relativement à l'équation des lames vibrantes. A chacune de ces intégrales, répond une figure particulière de la plaque sonore, et le son qu'elle rend dépend en général du nombre de lignes nodales qui se forment pendant ses vibrations. L'auteur calcule le ton relatif à chaque figure, puis il compare le ton calculé à celui que donne l'expérience pour une figure semblable : il trouve un accord satisfaisant entre ces deux résultats ; de sorte que l'équation des plaques vibrantes, quoiqu'elle ne fût pas jusqu'ici démontrée *à priori*, était du moins suffisamment justifiée par l'expérience. Cette comparaison est la partie de son travail qui a motivé la mention honorable de la classe : elle porte sur un grand nombre des expériences de M. Chladni, et sur beaucoup d'autres qui sont propres à l'ingénieux auteur du Mémoire dont nous parlons. Il y aurait une autre espèce de comparaison bien plus difficile à entreprendre, qui serait relative à la figure produite d'après une manière donnée de mettre la plaque en vibration. On pourrait aussi désirer que les résultats du calcul fussent déduits de l'intégrale générale, et non pas de quelques intégrales particulières de l'équation (b). Malheureusement cette équation ne peut s'intégrer sous forme finie que par des intégrales définies qui contiennent des imaginaires sous les fonctions arbitraires ; et si on les fait disparaître, ainsi que M. Plana y est parvenu dans un cas pareil (celui des lames vibrantes), on tombe sur une équation si compliquée, qu'il paraît très-difficile d'en faire aucun usage.

Pour indiquer ici tout ce qui a été fait jusqu'à présent sur les surfaces élastiques, je dois aussi faire mention d'un Mémoire sur les vibrations des plaques sonores, qui se trouve dans le volume de Pétersbourg pour l'année 1787. En partant d'une hypothèse trop précaire, l'auteur est conduit à une équation différentielle, qui n'est point exacte, et qui revient à l'équation (b), en y supprimant le terme multiplié

---

(1) Cette question doit encore rester au concours jusqu'au 1er octobre 1815.

par $\dfrac{d^4 z}{dx^2 dy^2}$. Il y satisfait aussi par des intégrales particulières, composées d'exponentielles, de sinus et de cosinus; mais il remarque lui-même que les conclusions qui s'en déduisent ne sont pas d'accord avec les expériences de M. Chladni; et maintenant, que nous connaissons la véritable équation du mouvement des plaques, nous voyons clairement la cause de cette discordance.　　　　　P.

Mémoire sur quelques Flustres et Cellépores fossiles, par MM. A. G. Desmarest *et* Le Sueur.

Zoologie.

———

Société Philomat.

Ce Mémoire est extrait d'un grand travail entrepris depuis long-tems par MM. Le Sueur et Desmarest, sur les polypiers phytoïdes, tels que les sertulaires, les flustres et autres genres voisins, et notamment sur ceux qui ont été rapportés des côtes de la Nouvelle Hollande par MM. Péron et Le Sueur. Ce travail, prêt à paraître, contient les descriptions et les figures très-détaillées de plus de cent vingt espèces nouvelles. Les planches, au nombre de quinze, sont déjà gravées et terminées.

Après avoir fait remarquer que les flustres et les cellépores sont, avec les alcyons, les seuls *polypiers non entièrement pierreux* (Lamarck) qu'on ait encore observé à l'état fossile, MM. Desmarest et Le Sueur passent à la description des espèces qu'ils ont eu l'occasion d'examiner et de décrire.

Les flustres fossiles sont au nombre de huit, et les cellépores de deux seulement. Les premières diffèrent génériquement des dernières en ce que leurs cellules sont toujours contiguës, le plus souvent hexagonales ou polygonales; que les cloisons qui les séparent sont perpendiculaires au plan sur lequel elles sont établies; que leur partie supérieure est aplatie, formée, dans quelques espèces, d'une substance calcaréo-membraneuse, et, dans d'autres, d'un tympan simplement membraneux, et qu'elles composent quelquefois à elles seules des expansions libres à une ou deux faces cellulifères. Les cellépores, au contraire, toujours incrustantes des corps étrangers, et ne formant point d'expansions libres, n'ont jamais de tympan membraneux fermant leurs cellules en dessus, et les cellules dont les cloisons ne sont point perpendiculaires sont toujours plus ou moins globuliformes, et irrégulièrement placées les unes relativement aux autres. Au reste, ces distinctions sont très-légères, et plusieurs espèces forment le passage entre ces deux genres. A l'état vivant, néanmoins, les cellépores se font distinguer des flustres, en ce qu'elles sont plus solides, et qu'il entre plus de matière calcaire dans la composition de leurs cellules.

1. FLUSTRE MOSAÏQUE (*Flustra tessellata*). Epaisse , incrustante ; cloisons arrondies antérieurement ; ouverture en avant, petite, presque ronde ; dessus des cellules plan et épais. Elle est d'un blanc d'ivoire très-luisant. On la trouve sur les corps fossiles de la craie, tels que les oursins, les belemnites, etc., des environs de Paris. (*Voyez* Pl. 2, fig. 2 ; *d* gr. natur., *c* grossie.)

2. FLUSTRE EN RÉSEAU (*Flustra reticulata*). Médiocrement épaisse ; formant des expansions libres à deux faces cellulifères ; cellules ovales-allongées, à cloisons très-saillantes ; ouverture médiocre, un peu transversale. On la trouve dans les sables des environs de Valogne, avec les baculites, les belemnites, etc. (*Voyez* Pl. 2, fig. 4.)

3. FLUSTRE A CELLULES CARRÉES (*Flustra quadrata*). Incrustante, formant des expansions très-régulièrement radiées ; cellules carrées ou parallélogramiques. Elle a été trouvée sur un moule intérieur de coquille bivalve voisine des mactres, dont on ne connaît pas la localité. On ne voit dans cette flustre que le fond des cellules, mais la disposition de celles-ci est tellement remarquable, qu'elle suffit pour faire établir cette espèce. (*Voyez* Pl. 2, fig. 10 ; *x* gr. nat., *v* grossie.) — Du cabinet de M. de Drée.

4. FLUSTRE ÉPAISSE (*Flustra crassa*). Très - épaisse , incrustante ; cellules courtes, arrondies, à cloison saillantes, avec le dessus déprimé ; ouverture grande et en croissant. Cette flustre, remarquable par sa solidité, a été trouvée à Grignon, incrustant une petite huître, et parmi les fossiles découverts dans les fossés de la citadelle de Gand. (*Voy.* Pl. 2, fig. 1 ; *a* gr. nat., *b* grossie.)

5. FLUSTRE BIFURQUÉE (*Flustra bifurcata*). Libre, à expansions en forme de *fucus* dichotomes, bifurquées aux extrémités, et garnies de cellules hexagonales sur les deux faces. On ne connaît que l'empreinte de celle-ci ; mais la disposition bifurquée de ses frondes ou expansions porte à la considérer comme une espèce voisine de la *flustra truncata* d'Ellis, dont les extrémités sont néanmoins tronquées nettes. (*Voyez* Pl. 2, fig. 6.) *n* représente la flustre entière et de grandeur naturelle ; la fig. *m* offre l'empreinte de cette flustre grossie, et l'on y remarque principalement des globules qui ont été formés dans la cavité de l'ouverture, qui était ronde. La fig. *o* fait voir les vestiges des cloisons, qui sont comme cordonnées. Cette espèce se trouve à Grignon , dans un banc de calcaire tendre appartenant au deuxième système ou aux couches moyennes de la formation du calcaire à cérithes.

6. FLUSTRE CRÉTACÉE (*Flustra cretacea*). Epaisse, incrustante, à cellules ovales-allongées, sans doute pourvues d'un tympan membraneux dans l'état de vie, mais en étant dépourvue à l'état fossile. (*Voyez* Pl. 2, fig. 3 ; *e* gr. nat., *f* grossie.) Dans celle-ci, les contours ovales sont formés par les cadres ou rebords qui supportaient le tympan.

Elle a été observée sur une coquille fossile des environs de Plaisance absolument analogue au *murex tritonis* de nos mers.

7. FLUSTRE A PETITE OUVERTURE (*Flustra microstoma*). Peu épaisse, incrustante, à cellules peu distinctes, ovales, légèrement bombées, avec une ouverture ronde très-petite au milieu. (*Voyez* Pl. 2, fig. 9; *t* gr. nat., *u* grossie.) Elle est rarement en bon état de conservation, et se montre presque toujours dépourvue de la partie supérieure des cellules, de façon qu'il ne reste plus que les cloisons. (*Voyez* fig. *u*.) Elle est assez commune sur les grandes huîtres fossiles de Sceaux, qui appartiennent à la formation marine, supérieure à celle des gypses des environs de Paris.

8. FLUSTRE UTRICULAIRE (*Flustra utricularis*). Incrustante, à expansions très-développées; cellules ovoïdes légèrement aplaties, plus larges postérieurement, avec l'ouverture placée en avant, et assez petite. (*Voyez* Pl. 2, fig. 8; *r* grossie, *s* gr. nat.) Celle-ci est la plus commune sur les oursins de la craie, où elle est ordinairement en mauvais état, et ne laisse voir que la base des cloisons de ses cellules, qui forment comme un réseau de dentelle assez fin. Ce caractère est celui qui la rattache davantage au genre des flustres qu'à celui des cellépores, dont elle a la forme globuleuse des cellules.

9. CELLÉPORE MÉGASTOME (*Cellepora megastoma*). Incrustante, à expansions irrégulières peu développées; cellules très-distinctes, ovoïdes, avec l'ouverture presque centrale très-grande. (*Voyez* Pl. 2, fig. 5; *k* gr. nat., *l* grossie.) — Sur les corps fossiles de la craie des environs de Paris.

10. CELLÉPORE GLOBULEUSE (*Cellepora globulosa*). Incrustante, à cellules globuleuses bien distinctes, et à ouverture moyenne, transverses (*Voyez* Pl. 2, fig. 7; *p* grand. natur., *q* grossie.) — Dans la craie.

Malgré leurs nombreuses recherches, MM. Le Sueur et Desmarest n'ont jamais trouvé de flustres ou de cellépores sur les fossiles des terreins antérieurs à la craie, mais ils en ont, au contraire, observé sur ceux de tous les terrains de formation marine qui lui sont postérieurs.

Ainsi la craie des environs de Paris elle-même contient deux flustres (Fl. *tessellata* et *utricularis*) et deux cellépores (C. *megastoma* et *globulosa*). Les environs de Valogne, qui renferment les mêmes fossiles que la montagne de S.-Pierre de Maestricht, et qui sont par conséquent analogues à la craie, renferment la *fl. reticulata*.

Le calcaire à cérithes en a offert deux (les fl. *crassa* et *bifurcata*); et peut-être doit-on lui attribuer aussi la *fl. quadrata*.

Le terrain marin postérieur à la formation des gypses en présente aussi une (la fl. *microstoma*).

Enfin les fossiles de Plaisance, peut-être les plus récens de tous les fossiles, portent une dernière espèce bien caractérisée, la *flustra cretacea*.

A. D.

*Extrait d'un Mémoire sur l'*Iridium *et l'*Osmium*, métaux qui se trouvent dans le résidu insoluble de la mine de platine, traitée par l'acide nitromuriatique ; par* M. VAUQUELIN.

PREMIÈRE PARTIE. De l'Iridium.

CHIMIE.

Société Philomat.
et Institut.
31 janvier 1814.

IL est d'un blanc d'argent ; il est extrêmement peu fusible. La petite quantité d'Iridium que M. Vauquelin est parvenu à fondre jouissait d'une certaine ductilité.

Il n'est attaqué par aucun acide simple ; l'acide nitromuriatique, le plus concentré, ne le dissout que très-difficilement.

L'Iridium rougi dans un creuset avec la potasse ou le nitre, s'oxyde ; la masse noire qui en résulte, traitée par l'eau, se réduit en deux combinaisons, l'une avec excès d'alcali qui est soluble et qui donne une couleur bleue au liquide, et l'autre avec excès de base qui est insoluble et sous la forme d'une poudre noire. Celle-ci forme avec l'acide muriatique, un sel bleu soluble dans l'eau.

Sulfure d'Iridium.

L'Iridium se combine au soufre, lorsqu'on présente les corps l'un à l'autre dans un grand état de division. Par exemple : si l'on chauffe 100 parties de muriate ammoniaco d'Iridium, qui représentent 45 part. de métal pur, on obtient un sulfure pesant 60 part. : donc 100 part. d'Iridium absorbent 33,34 part. de soufre.

Alliage d'Iridium.

L'Iridium s'unit à l'étain, au cuivre, au plomb et à l'argent, lorsque ces métaux ont été chauffés au rouge blanc.

Quatre parties d'étain et une partie d'Iridium, donnent un alliage d'un blanc mat, dur et malléable.

L'alliage de quatre parties de cuivre et une d'Iridium est rouge pâle ; il paraît blanc quand il a été limé. Il est ductile et beaucoup plus dur que le cuivre.

Huit parties de plomb et une d'Iridium, forment un alliage blanc et dur.

L'orsqu'on chauffe deux parties d'argent et une partie d'Iridium, il y a une portion de ce métal qui n'entre point en combinaison.

L'Iridium s'allie à l'or ; il n'en change pas la couleur, suivant M. Tennant.

Muriate d'Iridium.

Quand on fait bouillir l'acide nitromuriatique sur l'Iridium, on obtient constamment un muriate au maximum d'oxydation qui est de couleur rouge. Quand on dissout au contraire dans l'acide muriatique la combinaison de potasse avec excès d'oxyde d'Iridium, on obtient un sel bleu dont la base paraît contenir moins d'oxigène que celle du muriate rouge.

Le muriate bleu bouilli avec le contact de l'air, passe au vert, au violet, au pourpre et au rouge jaunâtre, probablement en absorbant du gaz oxygène.

Le muriate bleu n'est précipité par aucun alcali, et s'il forme alors des sels doubles, il faut qu'ils soient très-solubles dans l'eau. Mais si ce muriate contient de l'oxyde de fer ou de titane, l'alcali en sépare des flocons verts. S'il contient de la silice ou de l'alumine, le précipité est bleu. M. Vauquelin est porté à croire, d'après la forte affinité de l'oxide bleu d'Iridium pour l'alumine, que cet oxyde est le principe colorant du saphir.

L'hydrogène sulfuré, le sulfate de fer vert, le fer, le zinc et l'étain décolorent le muriate bleu. En ajoutant de l'acide muriatique oxygéné la couleur reparaît ; si l'on en met un excès, la couleur au lieu d'être bleue est pourpre, mais il paraît que l'oxydation n'est pas changée pour cela, car la liqueur redevient bleue quand on l'expose à l'air. Ce qu'il y a de remarquable, c'est que si l'on verse de l'acide muriatique oxygéné dans le muriate rouge d'iridium qui a été décoloré par du sulfate de fer, la couleur passe immédiatement au rouge, et ne change pas lorsque l'excès d'acide qu'on peut y avoir mis vient à se dissiper.

Le muriate rouge d'Iridium ne passe au bleu dans aucune circonstance. Lorsqu'il est concentré il est converti entièrement, par l'ammoniaque, en un muriate double qui est d'une couleur pourpre si foncée, qu'il paraît noir comme du charbon. C'est ce sel qui colore en rouge le muriate ammoniaco de platine qu'on précipite d'une dissolution de platine brut.

Muriate Ammoniaco d'Iridium.

Ce sel desséché donne à la distillation du gaz azote de l'acide muriatique, du muriate d'ammoniaque, et 45 pour 100 de métal.

Vingt parties d'eau froide en dissolvent une de ce sel : la solution en rouge orangé. Une partie de sel peut colorer 40000 parties d'eau.

L'ammoniaque, l'hydrogène sulfuré, le fer, le zinc et l'étain décolorent la solution. L'acide muriatique oxigéné rétablit la couleur.

Muriate de Potasse et d'Iridium.

On produit ce sel en mêlant du muriate de potasse avec du muriate d'Iridium ; vu en masse il paraît noir, mais il est pourpre quand il est divisé.

Cent parties de sel cristallisé, chauffées fortement, se réduisent à 5o parties, lesquelles consistent en 37 parties de métal, 13 de muriate de potasse.

Deuxième Partie. *De l'Osmium.*

M. Vauquelin pense que ce métal divisé est noir ou bleu foncé si le précipité qu'on obtient en mettant une lame de zinc dans une solution aqueuse d'oxyde d'osmium n'est pas un sousoxyde (1).

L'orsqu'on chauffe de l'osmium ainsi précipité dans une petite cornue, on obtient du peroxyde d'osmium, qui est sous la forme de cristaux blancs, ensuite un sublimé bleu, et un résidu noir qui prend par le frottement le cuivré de l'indigo.

M. Vauquelin croit que ce métal est volatil. L'osmium chauffé avec le contact de l'air atteint le maximum de son oxydation, il exhale une odeur forte, qui est un des caractères de l'oxyde qui se produit.

Oxyde d'Osmium.

Il est incolore, transparent, et très-brillant ; la saveur en est forte et caustique, l'odeur suffocante. Il est plus fusible que la cire ; il est flexible, et se volatilise comme le camphre quand il est renfermé dans un flacon qui contient de l'air ; il noircit par le contact des matières végétales humides ; il est assez soluble dans l'eau. La solution devient bleue par la noix de galle, etc.

L'oxyde d'osmium n'est point acide, cependant les alcalis s'y combinent, et neutralisent un peu ses propriétés.

---

(1) Les expériences de M. Vauquelin paraissent le faire croire ; car ce précipité, chauffé dans un tube de verre, dégage une portion de peroxyde à une température extrêmement basse ; et si l'on chauffe de même le résidu fixe dans un tube dont la capacité soit égale à celle du premier, on n'obtiendra plus de sublimé, quoique la température soit la même que dans la première opération.

Osmium et gaz muriatique oxygéné.

L'osmium mis dans un flacon où l'on fait arriver du gaz muriatique oxygéné, se fond, devient vert, se dissout, et forme une liqueur d'un rouge brun. Cette liqueur a une odeur d'oxyde d'osmium et d'acide muriatique oxygéné. Etendue d'eau, elle devient bleue par la noix de galle, et donne un précipité de cette couleur quand on y met du zinc.

Osmium et acide muriatique.

L'osmium est dissous par cet acide. La liqueur est d'abord verte, puis jaune rougeâtre. Beaucoup d'osmium se volatilise.

M. Vauquelin pense que l'osmium est allié à l'iridium dans la poudre noire.

L'osmium ne s'unit point à l'iode.   C.

Mémoire sur l'Organisation des Plantes, qui a remporté le prix proposé par la Société Théylérienne, en 1812; par M. Diéterich Georg Kieser, *professeur à l'université d'Iéna.*

Organisation générale de la plante.

La plante entière est formée de *globules* (1) entremêlés de *tubes perpendiculaires.*

Il y a donc dans les plantes deux formations différentes : 1° *la formation cellulaire;* 2° *la formation tubulaire.*

Il n'y a pas de formation intermédiaire, si ce n'est dans les conifères, où les cellules, remplaçant les trachées, deviennent poreuses et contiennent de l'air (2); et dans l'if, où les cellules poreuses ont des fibres spirales.

La formation cellulaire comprend les *cellules du parenchyme de l'écorce et de la moelle, les cellules allongées du liber et du corps ligneux, et les cellules transversales des rayons médullaires.*

Physiologie végétale.
———
Ouvrage nouveau.

---

(1) Cette idée est empruntée de M. Tréviranus, qui pense que les végétaux sont formés par la réunion de globules qui jouissaient primitivement d'une vie propre. J'ai combattu cette doctrine, qui me paraît tout-à-fait erronée.

(2) Rien de mieux prouvé, ce me semble, que les trachées, aussi bien que les fausses-trachées et les vaisseaux poreux, servent principalement de canaux à la sève. Je sais que ces tubes contiennent de l'air quand ils ne sont pas remplis de liqueur; mais cela ne suffit pas pour établir que ce sont des poumons analogues à ceux des animaux.

La formation vasculaire ou tubulaire comprend les *trachées* ou vaisseaux spiraux, les *tubes poreux* ou ponctués, les *fausses-trachées* (*vaisseaux réticulaires* de l'auteur, et *vaisseaux annulaires* de M. Bernhardi), et les vaisseaux *moniliformes* ou en chapelet.

Les *pores corticaux* appartiennent, par leur structure, à la formation cellulaire ; par leurs fonctions, à la formation vasculaire.

Formation cellulaire.

Toutes les cellules sont originairement des vésicules allongées, remplies de fluide : c'est ce qu'on peut voir clairement dans les conferves ; mais dans les plantes d'un ordre supérieur, ces cellules se pressent réciproquement, et prennent la forme de dodécaèdres allongés.

La membrane des cellules est unie et sans pores (1).

Les cellules se pressant réciproquement sont renfermées dans une grande cellule de même remplie de fluide. La membrane de cette grande cellule constitue l'épiderme (2).

Les petites cellules contenues dans cette grande cellule laissent entre elles des espaces aux endroits où il y a la moindre résistance ; c'est aux angles des dodécaèdres. Ces espaces, remplis nécessairement de fluide, et ayant une forme triangulaire, sont les *canaux intercellulaires* du docteur Tréviranus. On les voit facilement dans le parenchyme des plantes succulentes, telles que la citrouille, le *tropæolum majus* (3).

Il y a trois modifications qui résultent de la formation originaire des cellules :

1° Les *cellules ordinaires*, dont la forme est celle d'un dodécaèdre allongé, tronqué aux deux extrémités ;

2° Les *cellules allongées* du corps ligneux et du liber. La forme originaire est de même celle d'un dodécaèdre allongé et tronqué aux extrémités ; mais ce dodécaèdre est tellement allongé, qu'on n'en re-

---

(1) J'ai souvent observé des pores sur les parois des cellules. Les fentes qui coupent transversalement les cellules de certains lycopodes ne sont autres choses que des pores très-allongés.

(2) Selon mes observations, le tissu cellulaire est continu dans toutes ses parties, et le terme de ce tissu forme l'épiderme. L'idée d'une grande cellule qui, suivant M. Kieser, renfermerait toute la plante comme dans un sac, me paraît bien hasardée.

(3) Si le tissu cellulaire est continu dès son origine, il est clair qu'il n'y a point de cellules distinctes, et par conséquent point de *canaux intercellulaires ;* or la continuité du tissu est un fait que je crois avoir démontré. Je crains bien que M. Kieser, de même que M. Tréviranus, n'ait été séduit par quelque illusion d'optique.

connaît presque plus la forme originaire, et qu'on prend les canaux intercellulaires, avec leurs parois, pour des *fibres* disposées selon la longueur de la plante (1).

3° Les cellules des *rayons médullaires*, allongés en sens horizontal.

Les *vaisseaux propres* ne sont originairement que des canaux intercellulaires, comme on le voit dans le tilleul (2). Ces canaux grossissent, et deviennent les réservoirs des sucs propres, quand il y en a.

Les *lacunes* sont de grandes cellules (3) remplies d'air, formées régulièrement, et dont les parois sont construites par des cellules ordinaires.

M. Kieser. soupçonne que dans les jeunes plantes toutes ces cellules à air sont remplies de cellules rondes qui se dessèchent dans la plante adulte.

Formation vasculaire.

Il y a trois espèces de *trachées :*

1° Les *trachées* proprement dites, que M. Kieser nomme *vaisseaux spiraux simples*, et qui, à son avis, donnent naissance aux deux autres espèces ;

2° Les *vaisseaux poreux*, qu'il nomme *vaissseaux spiraux poreux* ou *ponctués ;*

3° Les *fausses-trachées*, qu'il nomme *vaisseaux spiraux réticulaires.*

Les trachées sont formées d'une ou de plusieurs fibres disposées en hélices, dont les interstices sont vides.

Les vaisseaux poreux ou ponctués sont formés d'une ou plusieurs fibres spirales dont les interstices sont remplis par une membrane poreuse.

Dans les plantes jeunes, il n'y a que des trachées. Ces vaisseaux deviennent des vaisseaux poreux dans la plante adulte; c'est la raison pourquoi l'on ne trouve de trachées dans le bois, que proche le canal médullaire, et qu'on n'en trouve jamais dans l'intérieur des couches ligneuses (4).

---

(1) J'ai vu aussi ce que Duhamel nomme des *fibres*, et j'ai reconnu que c'était les parois latérales des cellules, dont le plan, disposé obliquement, se montre en perspective ; de sorte qu'on en aperçoit à la fois les deux bords parallèles, et que l'espace intermédiaire paraît former un tube.

(2) Les *vaisseaux propres* sont, pour la plupart, des *lacunes* du tissu cellulaire.

(3) Les *lacunes* sont des déchiremens du tissu cellulaire.

(4) Les trachées ne se changent point en vaisseaux poreux. Celles qu'on trouve au centre des arbres sont de première formation; et quelle que soit la durée des individus, elles ne subissent point de métamorphose. Si les couches ligneuses ne contiennent jamais

Les trachées du corps ligneux ne sont que des vaisseaux poreux ; mais les spires y sont tellement éloignées les unes des autres, qu'on les néglige facilement, et qu'on les croit seulement formées d'une membrane criblée de pores ou de petites fentes.

Les fausses-trachées, que l'auteur a observées particulièrement dans le *tropeolum* et dans l'*impatiens*, ne sont d'abord, dit-il, que de simples trachées ; mais, dans les plantes adultes, les spires se soudent entre elles par le moyen de fibres longitudinales, et il reste des interstices allongés en sens horizontal. Ces vaisseaux se distinguent des vaisseaux poreux en ce qu'ils n'ont point de membrane poreuse (1).

Si les fibres spirales de toutes ces espèces se soudent en anneaux, il en résulte des vaisseaux annulaires. Il y a donc des vaisseaux annulaires dans les plantes à trachées comme dans les plantes à fausses trachées (2).

Les *vaisseaux en chapelet*, ou *moniliformes*, sont des trachées qui, dans les nœuds où l'organisation végétale tend davantage vers la formation cellulaire, tendent de même vers cette formation, et éprouvent, par suite de cette disposition, des étranglemens d'espace en espace. Les vaisseaux se montrent donc dans les plantes munies de trachées et de vaisseaux poreux de même que dans les plantes munies de fausses-trachées, mais ils n'ont point de diaphragmes aux étranglemens (3).

Dans la vieillesse, tous ces vaisseaux se remplissent de petites cellules rondes qui tirent leur origine des parois, et rapprochent par cette conformation les vaisseaux spiraux de la formation cellulaire ; de même que les veines des animaux s'ossifient par l'effet de l'âge, et perdent leur sensibilité. Malpighi et le docteur Tréviranus ont très-bien observé ce phénomène ; MM. Rudolphi et Link l'ont nié.

---

de trachées, c'est qu'il ne s'en produit jamais dans la couche annuelle, qui passe de l'état de liber à celui d'aubier, et qui d'aubier devient bois.

(1) La transformation des trachées en fausses-trachées n'est pas mieux prouvée que celle des trachées en vaisseaux poreux.

(2) Si l'on trouve dans la même plante des trachées, des fausses-trachées, des vaisseaux poreux, des vaisseaux annulaires, qui ne sont qu'une sorte de fausses-trachées, c'est parce que tous ces vaisseaux ou tubes appartiennent au même type, et ne sont que des modifications les unes des autres ; mais ces modifications sont originaires, et non pas le résultat de la soudure de la lame de la trachée.

(3) M Kieser reconnaît que les trachées, les fausses-trachées, les vaisseaux poreux, les vaisseaux en chapelet, ont la même origine : c'est ce que j'ai établi dans tous mes Mémoires d'anatomie végétale ; mais il suppose une transformation que je n'admets pas. Les vaisseaux moniliformes sont, suivant moi, de formation originaire ; c'est-à-dire que dès que le tissu est assez nettement dessiné pour qu'il soit possible d'en distinguer la structure, on peut y constater l'existence des vaisseaux moniliformes, et qu'on les retrouve sous le même aspect dans les bois les plus avancés.

Fonctions des organes élémentaires.

La formation cellulaire sert au mouvement de la sève.

La sève coule dans les canaux intercellulaires; et, parce que ces canaux sont dans toutes les directions, la sève coule dans toutes les parties de la plante (1).

C'est dans ces canaux que vraisemblablement se produisent les nouvelles cellules: les grains d'amidon qui y sont renfermés paraissent en produire la matière; mais elles ne sont certainement pas les rudimens des nouvelles cellules.

Par la propriété hygrométrique propre aux parties végétales, les sucs contenus dans les cellules et dans les canaux intercellulaires communiquent ensemble, et, par suite de cette propriété, les grains d'amidon traversent les parois des cellules.

Le *suc* monte dans le bois et descend dans l'écorce (ou peut-être dans les fibres du liber) par les canaux intercellulaires.

Le *suc cru* est préparé dans les feuilles, et il devient, au moyen de la respiration qui se fait par les pores, un *suc nourricier*, qui est la véritable sève (2). Cette sève descendante dépose, après avoir été employée à la formation des parties nouvelles, les sucs propres et autres matières analogues.

Ces sucs propres (les résines, les gommes, la cire, la matière sucrée des nectaires, les huiles, les corps pierreux dans quelques écorces et dans quelques fruits) sont les résidus du suc alimentaire, et doivent être considérés, par conséquent, comme les *vrais excrémens de la plante.*

La formation vasculaire ne sert qu'à la respiration et à la préparation de la sève. La respiration est la dernière fonction des parties élémentaires de la plante.

La plante, tout-à-fait végétative, n'a que la fonction nutritive. Si l'on veut comparer la plante à l'animal, on doit dire que les canaux intercellulaires représentent les vaisseaux sanguins et lymphatiques, et aussi le canal intestinal, et que les trachées représentent les poumons.

Les pores de l'épiderme qui servent à la respiration communiquent avec les vaisseaux de l'épiderme qu'Hedwig a déjà reconnus pour tels,

---

(1) L'observation et l'expérience se réunissent pour prouver, ce me semble, que les grands déplacemens de la sève ont lieu dans les vaisseaux, et que les déplacemens lents et presque insensibles s'opèrent à travers le tissu cellulaire.

(2) Le *suc cru* de M. Kieser est la *sève* de tous les physiologistes; le *suc nourricier* du même auteur est le *cambium* de Duhamel.

1814.

mais dont plusieurs naturalistes ont nié l'existence. Ces vaisseaux rampent à la surface des feuilles, en lignes serpentines, et y forment quelquefois des héxagones, ce qui a fait que M. Sprengel a pris ces vaisseaux pour les parois des cellules subjacentes, quoiqu'elles s'en distinguent fort bien, et qu'on les reconnaisse facilement dans les grands hexagones des vaisseaux de l'épiderme (1).

M. Kieser soupçonne que, dans l'*equisetum*, les vaisseaux de l'épiderme aboutissent aux canaux intercellulaires de la tige.

Formation du Bois et du Liber.

La sève dépose le *cambium* entre le corps ligneux et le liber. Il se forme une nouvelle couche de bois vers le centre, et une nouvelle couche de liber vers la circonférence, couches qui diffèrent l'une de l'autre par leur structure (2).

Les vieilles couches meurent, celles du bois se détruisent, en commençant par le centre, et l'arbre se creuse; celles du liber se dessèchent et forment l'écorce morte du tronc.

Avec ces deux couches annuelles se forme aussi le parenchyme cellulaire, qui devient rayons médullaires dans la partie ligneuse, et écorce proprement dite dans la partie corticale.

Telles sont les idées fondamentales de la théorie que M. Kieser présente sur la physiologie végétale. On y reconnaît l'alliance des opinions d'Hedwig et de celle du docteur Tréviranus.   B. M.

Journal de l'Ecole Polytechnique, 16ᵉ *cahier, tome IX.*

Ce nouveau volume contient:

1.º Un Mémoire de M. Petit, sur la théorie de l'action capillaire, présenté à la Faculté des sciences de Paris, comme l'une des deux thèses exigées pour le grade de docteur.

2.º Deux Mémoires de M. Binet jeune, dont il a été rendu compte dans le Nouveau Bulletin des Sciences (t. II, p. 312, et t. III, p. 243):

MATHÉMATIQUES.
———
Ouvrage nouveau.

---

(1) En avançant que les lignes qu'on aperçoit sur l'épiderme ne sont que les parois du tissu cellulaire adhérent à cette membrane, M. Sprengel a suivi l'opinion que j'avais publiée quelque tems avant, dans le *Journal de physique*. Je suis encore convaincu que ces vaisseaux n'existent pas. L'illusion d'optique, qui a fait voir à M. Kieser des canaux intercellulaires, lui fait découvrir des vaisseaux rampans sur l'épiderme. Cette erreur affecte toute sa théorie et en détruit les bases.

(2) Le *cambium* développe et nourrit le liber; le liber se partage entre le bois et l'écorce, et accroît la masse de l'un et de l'autre : voilà mon opinion réduite à sa plus simple expression.

l'un sur la théorie des axes conjugués et des momens d'inertie des corps; l'autre sur un système de formules analytiques, et leur application à des considérations géométriques.

3.° Trois Mémoires de M. Cauchy, l'un sur les nombres, et les deux autres sur les polyèdres. On a rendu compte des deux derniers dans le Nouveau Bulletin (t. II, p. 325, et t. III, p. 66). C'est dans l'un d'eux que se trouve la démonstration de l'égalité des polyèdres composés des mêmes faces, que M. Legendre a fait passer dans la dernière édition de ses *Elémens de Géométrie.*

4.° Un Mémoire de M. Gaultier, sur les moyens généraux de construire les cercles déterminés par trois conditions, et les sphères déterminées par quatre.

5.° Un Mémoire de M. Hachette, contenant la théorie et la description de l'*héliostat.*

6.° Un Mémoire de M. Poisson, sur les intégrales définies, dont le but est de déterminer les valeurs de plusieurs classes de ces intégrales, par l'intégration des équations différentielles dont elles dépendent. On en a vu un exemple dans le n° 50 du Nouveau Bulletin des Sciences.

7.° Un Mémoire du même, sur un cas particulier du mouvement de rotation des corps pesans. La solution de ce cas comprend la théorie de la machine ingénieuse que M. Bohnenberger a imaginée pour représenter le phénomène de la précession des équinoxes, et qui se trouve maintenant dans la plupart des cabinets de physique de Paris.

Dorénavant il paraîtra tous les deux ans un volume du Journal de l'Ecole polytechnique. Chaque volume sera assez considérable pour former à lui seul un *tome;* et pour cette raison on supprimera la dénomination de *cahier,* qu'on avait conservée jusqu'à présent.

Le tome X paraîtra à la fin de cette année.   P.

Sur la combustion de l'argent par le gaz oxygène; par M. VAUQUELIN.

CHIMIE.

Société Philomat. et Institut. 31 Janvier 1812.

M. VAUQUELIN ayant placé 4 grains d'argent dans la cavité d'un charbon embrasé, a observé que quand on dirigeait un courant de gaz oxigène sur le métal, il se produisait un cône de flamme dont la base était colorée en jaune, le milieu en pourpre et la pointe en bleu; et qu'en recevant la fumée qui se dégageait dans un verre renversé, on obtenait un enduit jaune brunâtre, qui était dissous en grande partie à froid par l'acide nitrique très-étendu d'eau; les quatre grains de métal ont disparu en moins d'une minute. M. Vauquelin pense que l'argent brûle en même tems que le charbon, et qu'il est la cause de la couleur jaune de la flamme de ce dernier.   C.

1814.

Caractères du Dawsonia, *du* Buxbaumia *et du* Leptostomum, *genres de la famille des Mousses ; extrait d'un Mémoire de* M. Robert Brown, imprimé dans le volume X des *Transactions Linnéennes.*

Dawsonia. R. B. *Peristomium penicillatum, ciliis numerosissimis, capillaribus rectis æqualibus è capsulæ parietibus, columelláque ortis.*

Capsula hinc plana, indè convexa.

Calyptra exterior è villis implexis, interior apice scabra.

D. polytrichoides. R. B. *Hab. in Novæ Hollandiæ orâ orientali, extra tropicum.*

Ce genre, qui ne renferme qu'une espèce, a de l'affinité avec le *Polytrichum* par ses feuilles, ses fleurs mâles et sa coiffe, et il se rapproche du *Buxbaumia* par la forme de sa capsule et la structure de sa columelle; mais il se distingue de tous les genres de la famille par l'organisation singulière de son péristôme.

Buxbaumia, L. (*Genus emendatum*) *capsula obliqua, hinc convexior, v. gibba.*

Peristomium intra marginem, quandoque dentatum, membranæ exterioris ortum, tubulosum, plicatum, apice apertum.

Leptostomum, R. B. *Capsula oblonga, exsulca; operculo hemispherico mutico.*

Peristomium simplex, membranaceum, annulare, planum, indivisum, et membrana interiori ortum.

1. *L. inclinans,* R. B. *Foliis ovato-oblongis obtusis, pilo simplici, capsulis inclinatis obovato oblongis. Hab. in insula Van-Diemen.*

2. *L. erectum,* R. B. *Foliis oblongo-parabolicis obtusis, pilo simplici, capsulis erectis oblongis. Hab. in Novæ Hollandiæ ora orientali, extra tropicum.*

3. *L. Gracile,* R. B. *Foliis ovato-oblongis acutiusculis, pilo simplici, folii dimidium æquante, capsulis oblongis æquilateris inclinatis. Hab. in Nova Zelandia.*

4. *L. Menziesii,* R. B. *Foliis oblongo-lanceolatis acutis, pilo simplici, folio quater breviore, capsulis oblongis inclinatis arcuato recurvis. Hab in America australi.* B. M.

Extrait d'un rapport fait à la première classe de l'Institut, sur l'ouvrage de M. Orfila, *intitulé* Toxicologie générale ; *par* MM. Pinel, Percy *et* Vauquelin.

Médecine.

———

Institut.
1er août 1814.

Un traité complet de toxicologie manquait à la médecine et à la jurisprudence ; ceux que nous possédons sont incomplets ou inexacts : on recherche en vain dans les uns les moyens de reconnaître les poisons, dans les autres on ne trouve aucune description des lésions organiques produites par la matière vénéneuse, et la réunion de toutes les connaissances particulières sur cet objet serait loin de former un ensemble qui pût suffire à tous les cas.

L'utilité d'un traité complet de toxicologie était donc évidente ; mais pour le composer il fallait se livrer à de nouvelles recherches, telles que les connaissances actuelles l'exigent ; il fallait se livrer à une longue suite de recherches, c'est ce que M. Orfila a entrepris et qu'il se propose de poursuivre et d'achever. Il décrit d'abord les caractères physiques des poisons dans leur état ordinaire ; il fait connaître ensuite les propriétés chimiques de ces substances, en notant particulièrement les phénomènes qu'elles présentent par l'action des réactifs.

Il expose les différences que le poison mêlé aux divers alimens présente avec les mêmes réactifs.

Il a étudié en outre les modifications que la bile, la salive, le suc gastrique peuvent leur faire éprouver. En faisant ces expériences, M. Orfila a varié les quantités des poisons depuis la plus petite dose qui serait incapable de produire l'empoisonnement, jusqu'à celle qui serait beaucoup plus que suffisante pour le produire, ce qui n'est pas indifférent quant aux effets occasionnés par les réactifs.

L'auteur recherche ensuite la manière dont les poisons agissent sur l'économie animale, et, dans cette vue, il a tenté un grand nombre d'expériences sur les animaux vivans.

L'auteur s'occupe ensuite des contrepoisons ; il recherche ce qu'ont dit jusqu'ici les médecins sur les contrepoisons ; il les a soumis à de nouvelles épreuves ; il a fait voir combien ces moyens sont infidèles, même ceux auxquels on attachait le plus de confiance ; il propose de les remplacer par d'autres moyens dont il a reconnu l'efficacité par un grand nombre d'expériences ; tels sont l'albumine pour l'empoisonnement pour le sublimé corrosif, le sucre en morceau pour le vert-de-gris.

M. Orfila traite ensuite des poisons relativement à la médecine légale.

Dans la première partie de son premier volume, M. Orfila traite des poisons mercuriaux, arsenicaux, antimoniaux et cuivreux.

F. M.

1814.

Recherches chimiques sur plusieurs corps gras, et particulièrement sur leurs combinaisons avec les alcalis ; par M. CHEVREUL.

DEUXIÈME MÉMOIRE. *Examen chimique du savon de graisse de porc et de potasse.* (*Extrait.*)

Analyse du savon.

LE SAVON qui a été l'objet de cet examen avait été préparé avec 250 grammes de graisse de porc (1) et 150 grammes de potasse à l'alcool, dissous dans un litre d'eau. Le liquide dans lequel il s'était formé contenait *du carbonate et de l'acétate de potasse, un principe odorant et du principe doux des huiles.*

Le savon ayant été dissous dans plusieurs litres d'eau bouillante, a déposé à la longue beaucoup de *matière nacrée,* formée de *margarine et de potasse* (2). Comme un excès d'alcali s'oppose à la séparation de cette matière, on a décomposé le savon qui la surnageait par l'acide tartarique, et l'on a saponifié la graisse qu'on en a retiré avec la plus petite quantité de potasse possible; par ce moyen on a épuisé la graisse de toute la margarine qu'elle pouvait donner à l'état de matière nacrée, et l'on a obtenu un savon formé d'une *graisse fluide à 7°.* Les liqueurs provenant des dissolutions de savon qui avaient été décomposées par l'acide tartarique, contenaient un peu *d'acide acétique de principe odorant et de principe doux,* et une combinaison *d'un principe orangé, de graisse fluide, d'acide tartarique et de potasse.* Il y avait en outre de la crême de tartre, qu'on a précipitée par l'alcool.

De la graisse fluide.

M. Chevreul l'a obtenue à l'état de pureté, en la faisant chauffer dans l'eau avec deux fois son poids de carbonate de barite; en traitant par l'alcool bouillant la combinaison qui en est résultée, il s'est déposé pendant le refroidissement de la liqueur un savon de barite qui a été

CHIMIE.

———

Institut.

2 novembre 1813.

---

(1) La graisse dont on a fait usage est celle qui porte le nom de panne ; elle avait été exactement purifiée par de nombreux lavages et deux filtrations au travers du papier joseph.

(2) *Voyez* le Nouveau Bulletin des Sciences, par la Société philomatique, t. III, page 369.

décomposé par l'acide sulfurique; *la graisse fluide* qui en est provenue avait les propriétés suivantes :

Elle était incolore; elle avait une odeur et une saveur rances, une pesanteur spécifique de 898, celle de l'eau étant 1000. Elle se cristallisait en aiguilles à la température de 10 degrés centigrades; elle était insoluble dans l'eau et soluble dans l'alcool en toutes proportions. Quand on la distillait dans une cornue, on obtenait une huile presque incolore, une huile citrine, un peu d'huile brune, de l'acide acétique, du gaz acide carbonique et hydrogène carburé, et une petite quantité de charbon.

La graisse fluide jouit des propriétés acides, comme la margarine; elle rougit fortement la teinture de tournesol; elle décompose à chaud les carbonates de potasse et de barite.

Elle se combine à la potasse en deux proportions. La combinaison neutre est soluble dans l'eau, celle avec excès de graisse ne l'est pas, elle correspond *à la matière nacrée.* Il paraît que dans la première combinaison les élémens sont dans un rapport peu différent de celui des élémens du savon neutre de margarine; car 25 parties de potasse à l'alcool qui contenaient 18,5 p. d'alcali caustique, et qui étaient dissoutes dans 510 p. d'eau, ont saturé 100 p. de graisse fluide. La dissolution de savon qu'on obtient se réduit à la longue en potasse et en savon, avec excès de graisse qui se dépose. Presque tous les acides la décomposent, même le carbonique, quand la température à laquelle on opère est peu élevée.

Le savon avec excès de graisse est gélatineux; il se délaye dans l'eau; il se dissout dans l'alcool, et la solution rougit fortement la teinture de tournesol, absolument comme le fait celle de matière nacrée. Quand on ajoute de l'eau à la liqueur rougie, le tournesol repasse au bleu, parce que le savon neutre qui s'était produit redevient savon avec excès de graisse, et l'alcali qui s'y était d'abord combiné, se reporte sur la matière colorante.

Lorsque le savon soluble agit sur une étoffe tachée par de l'huile, il se réduit en savon avec excès de graisse, en cédant à l'huile une quantité d'alcali qui la convertit en une combinaison analogue. — Telle est, en général, la manière dont les savons agissent sur les corps gras.

La barite s'unit à la graisse fluide dans le rapport de 28,95 à 100.

C.

Dissertation sur l'histoire naturelle des Pétrifications, sous le point de vue de la Géognosie ; par M. DE SCHLOTTHEIM.

1814.

GÉOLOGIE.

C. C. Leonhard's taschenbuch fur die gesammte mineralogie.

7ᵐᵉ année, 1813.

DEPUIS quelques années, les naturalistes soupçonnent dans la succession des phénomènes de la formation du globe, l'existence de deux lois générales et importantes : 1.° une différence presque totale entre les corps organisés qui vivent actuellement à la surface du globe, et ceux dont on trouve les dépouilles enfouies dans des couches ; 2.° des différences remarquables entre les dépouilles enfouies à diverses profondeurs et à diverses époques dans les couches du globe.

Leibnitz, Michoelis professeur de Gœttingue, Deluc, Werner, Blumenbach, de Buch, etc., ont avancé quelques idées sur l'existence de ces lois ; mais personne n'avait encore entrepris de les prouver par des recherches particulières et convenablement dirigées. Tant qu'on ne décrivait les pétrifications que d'une manière vague et non systématique, tant qu'on ne désignait celles qui se présentaient dans les diverses couches que par des dénominations générales, il n'était pas possible d'arriver à admettre ou à rejeter les lois dont l'existence était soupçonnée. C'est aux travaux de M. Cuvier, remplissant la double condition de la détermination précise des *espèces* fossiles et de celles des *terreins* qui les renfermaient ; c'est à la méthode suivie dans la description géognostique des environs de Paris, qu'est dû un des plus grands pas que la géologie ait fait dans cette direction.

M. Schlottheim qui, en 1804, avait déjà décrit avec précision et figuré un grand nombre d'empreintes de plantes fossiles, et qui, dans cet ouvrage, avait déjà émis son opinion sur l'importance de la détermination précise des pétrifications pour l'étude de la géognosie, vient d'aider très-efficacement, par le Mémoire que nous annonçons, les progrès de la géognosie, fondés sur la considération des corps organisés fossiles.

Il a, le premier, présenté le tableau général de l'énumération des pétrifications qui paraissent être propres à chaque sorte de terrein. Il n'a pu, il est vrai, qu'ébaucher ce tableau, parce qu'ainsi qu'il le dit lui-même, les matériaux nécessaires à ce travail ne sont encore ni assez nombreux ni assez bien préparés, pour qu'on puisse présenter autre chose qu'une ébauche.

M. Schlottheim, en donnant dans ce Mémoire une liste des pétrifications qu'il croit particulières à chaque terrein, ne se contente pas d'indiquer ces pétrifications par de simples noms génériques, mais il les désigne par des noms d'espèces. Tantôt il prend ces noms dans les auteurs systématiques, tantôt il assigne des noms à des espèces décrites ou figurées par des auteurs connus ; dans d'autres circonstances, il

Livraison de septembre.

10

paraît que ses dénominations se rapportent à des descriptions qui lui sont particulières et qu'il ne fait pas connaître, et dans ce cas ces citations deviennent beaucoup moins utiles.

Malgré l'importance de ce Mémoire, il n'est guère susceptible d'être extrait, à cause de ces longues listes qui en font la partie essentielle; nous nous contenterons donc de le faire connaître, en indiquant pour chaque terrein les pétrifications qui nous paraissent les plus caractéristiques; mais cet extrait ne peut en aucune manière tenir lieu du Mémoire original.

Terreins de transition. — Pétrifications des psammistes schistoïdes. (Grauwake.) On y trouve quelques ammonites trop imparfaites pour être déterminées, des coralliolites, de grandes orthocératites, l'*orthoceratites gracilis* de Blumenbach, quelques moules de coquilles mal conservés, des empreintes de plantes analogues aux roseaux, et des tiges de palmiers qui paraissaient différens de ceux des houilles. Dans le schiste argileux de ces mêmes terreins, se trouvent le *trilobites paradoxus*, les hystérolithes qui paraissent être les noyaux des *terebratulites vulvarius* et *paradoxus*. M. de Schlottheim en exclut les véritables trochites, qui sont des portions d'encrinites. Dans le calcaire de transition se présentent des madrepores en abondance, dont les espèces ne sont pas assez caractérisées pour être déterminables; des *coralliolites orthoceratoïdes* de Picot Lapeyrouse, l'*echidnis diluviana* de Montfort, des espèces de trilobites, l'*orthoceratites anachoreta*, l'*ammonites annulatus*. M. Schlottheim assure n'avoir vu aucun véritable trochite ou portion d'encrine dans le calcaire de transition.

Terrein de sédiment. — L'auteur rappelle, à l'occasion des empreintes de plantes qu'on observe dans les terreins houliers, ce qu'il a dit à ce sujet dans sa *Flore de l'ancien monde*. Il n'a vu dans ces terreins aucune trace d'animaux marins, et il n'y connaît d'autre coquille que le *mytilus carbonarius*, qui, suivant lui, a pu vivre également dans l'eau marine ou dans l'eau douce. Il a remarqué, parmi les végétaux, des empreintes qui paraissent dues à un *casuarina*, et il fait observer que les fruits de palmier qu'on y rencontre quelquefois, sont très-différens de ceux qu'on trouve dans le lignite terreux de Liblar, près Cologne. Enfin, il dit que tous les végétaux des terreins houilliers qu'il a eu occasion de voir, présentent ces deux considérations remarquables, qu'ils sont à très-peu près les mêmes par toute la terre, et que par-tout ils appartiennent aux genres qui vivent actuellement dans les pays méridionaux.

Les ammonites et les nummulites de Lamark (lenticulites de l'auteur) sont, suivant M. Schlottheim, les pétrifications caractéristiques des calcaires des Alpes. Deux seuls oursins s'y présentent, ce sont l'*echinites occulatus*, et l'*echinites campanulatus*.

Les pétrifications du schiste bitumineux sont assez remarquables; les poissons et un quadrupède ovipare du genre des monitors s'y présentent pour la première fois : les empreintes de plantes qu'on y voit n'appartiennent point au fougères, ou du moins on n'en a pu reconnaître jusqu'à présent aucune partie bien caractérisée. On y trouve aussi un trilobite différent des précédens, de belles espèces de pentacrinites. Le *gryphites aculeatus*, le *terebratulites lacunosus*, etc.

La houille du calcaire compact alpin (Zechstein) ne présente aucune empreinte de plante, mais souvent des coquilles. Au reste, la distinction des différentes formations de houille ne nous a pas paru établie d'une manière assez claire pour que nous puissions rapporter à chacune d'elles les pétrifications qui paraissent leur être propres.

Le calcaire du Jura est si riche en pétrifications, que nous ne savons lesquelles citer de préférence. L'auteur fait remarquer qu'elles se présentent principalement dans la marne, le sable, et les lits de schiste fétide posés entre les couches de ce calcaire. Il convient que, dans certains cas, ce calcaire est très-difficile à distinguer de celui des Alpes, et il dit qu'il serait important de déterminer si les pétrifications sont les mêmes dans ces deux calcaires, ou si elles sont différentes.

L'auteur remarque, avec tous les géognostes, que les pétrifications sont rares dans le grès; mais cependant il donne la liste d'un assez grand nombre d'espèces, qu'il tâche de rapporter aux différentes formations de grès encore plus difficiles à distinguer que les différentes formations de houille. Le gypse, subordonné au grès bigarré, n'a offert jusqu'à présent aucune véritable pétrification.

S'il est difficile de choisir parmi les nombreuses pétrifications des calcaires de sédimens anciens, celles qui paraissent devoir plus particulièrement les caractériser, ce choix devient encore plus difficile à faire parmi les pétrifications innombrables de calcaire coquiller proprement dit des géognostes allemands (Muschelflœtzkalk), aussi n'en nommerons-nous aucune. Nous ferons seulement remarquer que, d'après la liste donnée par M. Schlottheim, les oursins y sont très-rares, tandis que les ammonites, les térébratules, etc., y sont très-communs.

Dans la craie, au contraire, les oursins, ou du moins les animaux de cette famille deviennent très-abondans, et les ammonites fort rares. M. Schlottheim rapporte à la formation de la craie le terrein de la montagne de Saint-Pierre, près Maestricht, et par conséquent les grands reptiles sauriens qu'on y a trouvés.

Calcaire de sédiment nouveau, et gypse. — C'est le terrein des environs de Paris. L'auteur renvoie à la description qu'en ont donnée MM. Cuvier et Brongniart. C'est, comme on sait, dans ces terreins qu'apparaissent pour la première fois, dans les couches de la terre, des débris d'oiseaux et de mammifères terrestres. M. Schlottheim semble rattacher, mais à tort, les terreins coquillers friables de Grignon, Courtagnon, Chaumont, aux terreins d'alluvion, et partager l'opinion peu fondée, et qu'on peut presque regarder comme un préjugé, que ces terreins renferment beaucoup de coquilles parfaitement semblables à celles qui vivent dans nos mers actuelles.

Les détails donnés par MM. Cuvier et Brongniart, dans leur dernier travail, dont il paraîtrait que M. Schlottheim n'avait pas encore eu connaissance, prouvent l'antériorité de ces couches et les différences constantes que les pétrifications qui y sont renfermées présentent avec les corps qui peuplent actuellement les mers.

Nouvelle formation des trapps. — Nous avons vu avec plaisir que M. Schlottheim énonçait sur ces terreins deux opinions que nous partageons. Premièrement, qu'ils sont d'une époque postérieure à celle de la formation de la craie; secondement, que les basaltes proprement dits ne renferment pas de pétrifications. Toutes celles qu'on a fait voir à l'auteur appartenaient ou à des morceaux de calcaire enveloppés dans du basalte, ou à des fragmens de calcaire de transition altérés et poreux qui faisaient partie de quelques couches de brèche volcanique ou *trass,* et qu'on avait pris mal à propos pour du basalte.

En traitant des pétrifications propres à la formation des lignites, que l'auteur regarde comme appartenant à l'époque des trapps de sédiment, et qu'il nomme *steinkohlenlager,* il dit n'y avoir jamais vu que des débris de coquilles ou de végétaux, soit terrestres, soit fluviatiles, et jamais aucune trace d'animaux marins. Il y reconnaît des empreintes de fougères semblables à celle des anciennes houilles; mais comme il cite à cette occasion les empreintes qu'on trouve dans le minerai de fer qui accompagne en Angleterre la plupart des anciennes houilles, nous soupçonnons que dans ce cas l'auteur a confondu deux formations distinctes, et qui appartiennent à des époques tout-à-fait différentes; et nous persistons à croire qu'on n'a encore reconnu aucune empreinte de fougère dans les véritables formations de lignite, dans celles qui sont au dessus de la craie, ou qui sont même quelquefois interposées en couches beaucoup moins puissantes et moins continues, soit dans la craie, soit dans le calcaire qui est immédiatement inférieur à la craie.

L'auteur termine ce Mémoire, très-étendu et très-important, par quelques considérations générales sur l'apparition successive des corps organisés à la surface de la terre. Ces considérations sont une conséquence naturelle des faits rapportés dans son Mémoire, et que nous venons d'indiquer très-superficiellement.

A. B.

1814.

Mémoire sur la composition de la mâchoire supérieure des poissons, et sur le parti qu'on peut en tirer pour la distribution méthodique de ces animaux ; par M. G. CUVIER.

ZOOLOGIE.
———
Institut.
29 mars 1814.

DANS ce Mémoire, l'auteur, convaincu que l'étude de la texture des os, des organes relatifs au mécanisme de la respiration, de la position et du nombre des nageoires, de la nature et de la quantité des rayons de ces nageoires, n'a fourni jusqu'à présent que des caractères insuffisans pour l'établissement de familles naturelles dans la classe des poissons, s'est proposé de rechercher ce qu'on pourrait attendre des organes qu'on n'a pas encore pris en considération, et il s'attache spécialement à l'examen des mâchoires de ces animaux en ce qui touche leur composition.

Il rappelle que, dans l'homme et les mammifères, l'ensemble des os de la face tient fixement au crâne, et n'est susceptible d'aucun mouvement ; que, dans les oiseaux et les poissons, ces os, long-tems subdivisés, prennent assez uniformément de la mobilité, en changeant la nature de leurs articulations ; tandis que, dans les reptiles, on trouve des variations nombreuses, telles que chacune des autres classes y est représentée à certains égards dans quelques genres. Il pense que l'étude particulière, sous ce rapport, de la classe des reptiles, peut amener à comparer avec précision les oiseaux et les poissons, soit entre eux, soit avec les mammifères.

Après être entré dans le détail de la composition de la face dans les différens ordres de la classe des reptiles, et avoir prouvé que la structure de la face des poissons est, pour ainsi dire, une combinaison de celle des serpens avec celle des grenouilles, M. Cuvier détermine que cette face des poissons, abstraction faite des opercules et de la mâchoire inférieure, se compose, lorsqu'elle est complète, des os suivans : 1.° les intermaxillaires (maxillaires des ichthyologistes) ; 2.° les maxillaires (labiaux ou mystaces des ichthyologistes) ; 3.° les palatins ; 4.° les apophyses ptérygoïdes internes ; 5.° les externes ; 6.° la caisse, formant, avec les apophyses tant internes qu'externes, l'arcade palatine ; 7.° le temporal, qui suspend cette arcade au crâne, en arrière, en s'articulant avec le mastoïdien et le frontal postérieur ; 8.° le jugal, qui le termine vers le bas, et fournit l'articulation à la mâchoire inférieure. On doit y joindre les *nazeaux* qui entourent ou couvrent les narines, et les *sous-orbitaires*, os particuliers aux poissons, et qu'on peut considérer comme démembrés des maxillaires supérieurs ou des jugaux.

M. Cuvier compare ensuite les os de la face des poissons dans un grand nombre d'espèces.

Dans les truites et les saumons, les intermaxillaires sont immobiles, et disposés à peu près comme ceux des mammifères. Les maxillaires, armés de dents comme eux, y continuent les bords de la mâchoire supérieure. La rangée intérieure de dents appartient au palatin (comme dans les serpens à mâchoires mobiles). Celle qui occupe le milieu du palais tient au vomer. La même structure a lieu dans les éperlans, les corégons et les poissons tirés de la famille des saumons, auxquels M. Cuvier donne le nom de *curimats*. Elle est plus ou moins altérée dans les characins des ichthyologistes, les *harengs* proprement dits, les *élops*, le *notoptère capirat*, Lacep. (ou *clupea synura* Schn.), l'*esox chirocentrus*, Lacep. (ou *clupea dorab*, Gmel.), le genre *erythrinus* de Gronovius, le genre *amia* de Linné, le genre *polypterus* de Geoffr.

Le brochet ordinaire est intermédiaire entre cette structure et celle du plus grand nombre de poissons ; chez lui, l'intermaxillaire, très-petit et au bout du museau, porte seul des dents: les dents latérales sont portées par les palatins; les maxillaires bordent la mâchoire, et sont nus.

Dans la plupart des poissons, l'intermaxillaire forme seul le bord de la mâchoire supérieure, et porte les dents, tandis que le maxillaire, remplissant les fonctions d'os labial, n'est qu'une sorte de double lèvre ou de moustache, dont l'usage est de favoriser plus ou moins la protractilité de l'intermaxillaire. Tels sont les poissons des genres cyprin, cobitis (excepté l'anableps), fistulaire, centrisque, syngnathe, mugil, athérine, sphyrène, labre, spare, sciène, gasteroste, perche, scombre, coryphène, zeus, chœtodon ; et tous les genres qui en ont été détachés, scorpène, cotte, trigle, gobie, cépole, blennie, gade, vive, uranoscope, callionyme, pleuronecte, stromatée, ammodytes, ophidium, cycloptère, lépadogastre, Baudroie, etc.

Les callionymes et les spares, notamment le *sparus insidiator*, dont M. Cuvier forme son genre EPIBULUS, les *sp. smaris* et *mœna* (genre SMARIS, Cuv.), quelques lutjans (CORYCUS, Cuv.), les zées, les capros et le mené, sont les poissons dans lesquels la protractilité est la plus marquée.

Après avoir décrit le mécanisme de ce mouvement dans différentes espèces, M. Cuvier passe à l'examen des poissons anomaux, où le maxillaire, sans remplir son rôle propre en formant une partie du bord de la mâchoire supérieure, n'exerce pas non plus la simple fonction d'os labial. Ainsi, dans les poissons de la famille des silures, ce maxillaire n'est que le principal barbillon (le genre loricaire excepté). Les *aspredo* de Linné ont pour intermaxillaires deux petites plaques oblongues couchées sous le museau, et portant les dents à leur bord postérieur.

Dans les *anableps*, les intermaxillaires sont sans pédicules, et suspendus sous le bord du museau, formé en dessus par les maxillaires, qui s'élargissent et se touchent.

1814.

Dans le genre *serrasalme* de M. de Lacepède, le maxillaire est réduit à un petit vestige collé en travers sur la commissure des mâchoires.

Le genre *tétragonoptère* de Seba, auquel on a rapporté à tort le *salmo bimaculatus*, a la même structure de mâchoire, mais il en diffère par d'autres caractères.

M. Cuvier fait le genre MYLETES des characins à dents prismatiques triangulaires, tels que le *raii* du Nil ou *salmo dentex* d'Hasselquist, et le *salmo niloticus* de Forskahl, ainsi que de quelques espèces des mers d'Amérique, dont le ventre est comprimé et dentelé. Leurs mâchoires sont conformées comme celles des poissons des deux genres précédens.

Son genre HYDROCIN, qui comprend le *characin dentex* de Geoffroy ou le *salmo dentex* de Forskahl, a les maxillaires un peu plus développés, mais sans dents dans cette espèce, ou garnies de petites dents comme dans le *salmo falcatus* et *odoe* de Bloch; ce qui rapproche ce genre des truites et des éperlans, dont il ne diffère que par l'absence de dents à la langue, aux palatins et au vomer.

Le genre CITHARINE de M. Cuvier, qui renferme le *serrasalme citharine* de M. Geoffroy, et le *characin nefafh* du même, ou *salmo egyptius* de Gmelin, présente les mêmes petits maxillaires situés à la commissure des mâchoires; les intermaxillaires de ces poissons portent de petites dents, quelquefois en soie; ils sont étendus en largeur seulement.

M. Cuvier comprend, sous le nom générique de SAURUS, des poissons dont la gueule très-fendue présente un long intermaxillaire sans pédicules, suspendu par un simple ligament, et un maxillaire réduit à un simple vestige membraneux. Ce sont : le *salmo saurus* de Linné, qui n'est peut-être que le genre *synodus* de Lacepède, fondé sur des individus qui auraient perdu leur nageoire adypeuse; le *salmo fœtens*, le *s. tumbil*, l'*osmère galonné*, Lacep., le *salmone varié*, id., et l'*osmère à bandes*, de Risso.

L'*espadon*, l'un des poissons anomaux les plus remarquables, a ce prolongement du museau qu'on a nommé *épée*, formé de cinq os réunis ensemble et avec le crâne d'une manière immobile. Ces os sont les deux intermaxillaires sur les trois quarts de la longueur de l'*épée*, l'ethmoïde au milieu et vers la base, et les deux maxillaires sur les côtés. Cette conformation appartient également au *scomber gladius* ou *istiophore*, Lacep., qui est du même genre.

L'*orphie* (*esox bellone*) a aussi son bec formé par les intermaxillaires, avec les maxillaires en forme de petites lames appuyées de chaque côté à sa base. Il en est de même dans le scombrésoce, Lacep. (*esox saurus*) Schn.

Dans les *exocets*, les intermaxillaires sans pédicules forment tout le bord de la mâchoire, et les maxillaires sont derrière.

Les *lepidostées* (*esox osseus* L.) présentent à M. Cuvier l'anomalie la plus frappante. Les bords du museau sont garnis de onze os de chaque côté, tous réunis par des sutures transversales, tous armés de dents. Les antérieurs peuvent être considérés comme des intermaxillaires, et les autres comme des subdivisions des maxillaires.

Les *anguilles* ont leurs maxillaires plus courts que l'intermaxillaire; ils sont larges, caverneux, et donnent de l'épaisseur au bout du museau. Ils ne sont que des vestiges dans les *murènes* et les *ophisures*. Dans ces trois genres, le vomer forme la pointe antérieure du museau, les intermaxillaires sont latéraux.

M. Cuvier a reconnu l'existence d'opercules minces, petites et cachées sous la peau dans les murènes (*muræna*, Thunb., *murenophis*, Lacep., *gynothorax*, Bl.), que l'on croyait privées de ces organes. La même observation s'applique aux synbranches (*unibranchaperture*, Lacep.), qui appartiennent, sous beaucoup de rapports, à la famille naturelle des anguilles.

Les *gymnotes*, à l'exception du *gymn. acus*, qui est un *ophidium*, ont les intermaxillaires formés comme dans les anguilles; leurs maxillaires sont forts petits, et rejetés en arrière vers les angles de la bouche, comme dans les serrasalmes, les tétragonoptères, les mylètes, les citharines, etc.

Toutes ces dispositions que nous venons de détailler, et qu'on remarque dans l'appareil maxillaire des poissons, ne peuvent au plus fournir que des caractères génériques; leur importance n'est pas assez grande pour qu'elles puissent servir à faire distinguer des familles. Il en est cependant deux très-remarquables, en ce qu'elles s'accordent avec le reste de l'organisation pour servir d'indices extérieures aux familles des sclérodermes et des chondroptérygiens.

1.º Dans les sclérodermes (diodons, tétrodons, balistes et ostracions) la mâchoire supérieure et l'arcade palatine sont composées des mêmes pièces que dans tous les autres poissons, mais l'adhérence de l'arcade palatine, et son immobilité qui résulte de l'engrénage du palatin et du temporal avec les frontaux antérieurs et postérieurs, les en distingue suffisamment pour engager à en former un ordre particulier.

A l'occasion de ces poissons, M. Cuvier fait remarquer que, sur la foi des premiers auteurs, on a continué jusqu'à ces derniers tems à les regarder comme ayant un squelette cartilagineux, comme étant dépourvus de rayons branchiostèges, et respirant par des poumons. Il est de fait que leur squelette est osseux, souvent très-dur, qu'ils ont de nombreux rayons, et qu'ils respirent par des branchies.

2.º Dans les chondroptérygiens, (les lamproies, les raies, les

squales, les chimères, les esturgeons et les polyodons) qui ont déjà
tant de caractères communs, on en trouve un de plus bien frappant,
dans les différences qui existent dans la composition de la mâchoire
supérieure. Le maxillaire et l'intermaxillaire n'y sont jamais les organes essentiels de la manducation, mais ils y restent toujours en
vestiges ; ils y sont remplacés le plus souvent par une pièce qui répond à l'arcade palatine des autres poissons, et dans un seul genre,
par le vomer. (*Chimœra.*)

Quoique les chondroptérygiens aient entre eux beaucoup de traits
de ressemblance, il est remarquable que leurs caractères communs
au plus grand nombre, manquent toujours néanmoins dans quelques-
uns. Celui que M. Cuvier a observé, appartenant à tous sans exception,
devient de première importance, et doit leur servir de *caractère
d'ordre.*

Dans l'*ange* (*squalus squatinus*), le maxillaire et l'intermaxillaire
ne sont que deux petites pièces cachées dans l'épaisseur des lèvres,
et suspendues par des ligamens aux côtés de l'arcade palatine, laquelle
est garnie de dents, et supportée par un pédicule qui lui est commun
avec la mâchoire inférieure et l'os hyoïde, et qui s'attache d'autre part
au frontal postérieur et au mastoïdien. Il en est de même dans les
squales ; mais ces os sont encore plus petits. Les *raies* ont pour intermaxillaire un petit cartilage caché dans l'épaisseur des lobes des narines, et le maxillaire semble être un autre cartilage qui s'étend de
la fosse des narines à la nageoire pectorale. Dans le *polyodon*, le
vestige de maxillaire est couché le long de l'arcade palatine, ou mâchoire supérieure, et presque aussi fort qu'elle. L'*esturgeon* a le tube
qui forme sa bouche composé des palatins qui en font la voûte, des
maxillaires immobiles et attachés sur les côtés des palatins, de la
mâchoire inférieure qui forme le bord d'en bas, et de vestiges d'intermaxillaires perdus dans l'épaisseur des lèvres. Dans la *chimère,* les
dents supérieures sont adhérentes au crâne même, ou plutôt au vomer,
ce qui fait que la mâchoire supérieure paraît immobile ; on retrouve
cependant à l'état de vestiges dans l'épaisseur de la lèvre, l'intermaxillaire, le maxillaire et l'arcade palatine ; le pédicule ne porte ici
que l'os hyoïde et le vestige d'opercule. Dans les *lamproies* cet anneau
cartilagineux garni de dents qui sert de base à leurs lèvres charnues,
est formé de la réunion et de la soudure des deux mâchoires, dont
la supérieure est l'analogue de l'arcade palatine ; leur point de réunion
présente un vestige de pédicule qui ne s'étend pas jusqu'au crâne ;
au dessus de l'anneau, et sous l'avance éthmoïdale, on trouve une
pièce voûtée qui répond aux intermaxillaires, et, de chaque côté, un
peu en arrière, on rencontre une pièce oblongue et oblique, qui n'est
que le maxillaire. Enfin les *myxines* n'ont que des vestiges membra-

neux de mâchoires, et les *ammocètes* n'ont pas même de parties dures à la langue.

Cette organisation des mâchoires rattache par un nouveau caractère les lamproies et les myxines à l'ordre des chondroptérygiens, dont on avait été tenté de les écarter, à cause de la structure de leur épine dorsale, pour les rapprocher des vers à sang rouge: et, de plus, les observations de M. Cuvier lui ont démontré que cette structure, qui semblait devoir les faire éloigner des animaux vertébrés, se retrouve dans des chondroptérygiens universellement reconnus pour tels, les esturgeons et les polyodons.

Quant à l'*ammocète*, quoiqu'elle n'ait aucune partie solide dans tout son corps, sa ressemblance avec les lamproies ne permet pas de l'en séparer. A. D.

Sur des dépôts de corps marins, observés sur les côtes de la Charente-Inférieure et de la Vendée; par M. FLEURIAU DE BELLEVUE.

Au lieu nommé les Buttes de Saint-Michel, près de Saint-Michel en l'Herm, sur les côtes du département de la Vendée, à environ 6000 mètres du bord de la mer, on voit trois collines élevées d'environ 15 mètres au dessus du niveau des plus hautes marées, et occupant une étendue en longueur d'environ 900 mètres.

Ces collines sont entièrement composées de coquilles marines, principalement d'huîtres et de coquilles qui accompagnent ordinairement ces mollusques, elles ont une forme assez irrégulière, et ne présentent aucune indication ni de stratification, ni de couches pierreuses; elles sont situées au milieu d'un terrein marécageux, et en été les eaux de la mer viennent quelquefois battre leur pied.

Les coquilles qui les composent sont toutes parfaitement semblables à celles qui vivent actuellement dans les mers qui baignent ces côtes. Ce sont principalement l'*ostrea edulis*, accompagné de l'*anomia ephippium*, du *pecten sanguineus*, du *modiola barbata*, du *murex imbricatus*, du *buccinum reticulatum*, d'un *turbo* non décrit, et nommé sur les lieux *guignette de sart*, et d'un petit balane blanc.

Sur cette même côte, mais constamment sous les eaux de la mer, et à plus de 20 mètres au dessous du sommet de la plus haute de ces collines, se trouvent des bancs d'huîtres vivantes, qui, par leur forme, leur disposition et les espèces de coquilles qui les composent, sont absolument semblables aux collines décrites par M. Fleuriau de Bellevue.

Les coquilles des Buttes de Saint-Michel ont conservé leur couleur, leur nature, elles ne présentent aucun indice de pétrification; elles ont la plupart leurs deux valves, elles sont disposées entr'elles comme leurs espèces analogues le sont dans la mer. Elles sont quelquefois dans l'intérieur des collines fortement agglutinées, ce qui s'observe également dans l'intérieur des bancs d'huîtres.

L'intégrité de ces coquilles, l'ordre dans lequel elles sont disposées, ne permettent guère de supposer qu'elles aient pu être long-tems battues par les vagues dans une retraite successive et lente des eaux de la mer, ni qu'elles aient pu être accumulées ainsi à 15 mètres au dessus des plus hautes marées connues, par des mouvemens extraordinaires de la mer qui auraient eu lieu dans ces parages.

La disposition régulière des couches du terrein environnant, qui sont horizontales et entières, c'est-à-dire, sans aucune indication de bouleversement ni même de fracture, ne permet guère d'admettre que ce terrein, en se soulevant par des causes intérieures, ait fait sortir ces bancs ou collines d'huîtres du fond de la mer.

Enfin ces collines sont comme isolées au milieu d'autres collines qui n'ont avec elles aucune analogie de structure, et qui ne renferment aucun débris de corps organisés appartenant aux mers actuelles.

C'est donc un terrein d'une origine tout-à-fait particulière et tout-à-fait nouvelle, en comparaison de tous ceux que nous connaissons.

Ce fait et ce terrein ne sont cependant pas uniques, et ils paraissent avoir les plus grands rapports avec ceux qui ont été observés dans quelques autres lieux.

M. Risso a fait connaître dernièrement (1) dans la presqu'île de Saint-Hospice, près Nice, une formation qui ressemble beaucoup à celle des côtes de la Vendée; on se rappelle qu'il a observé à 17 mètres au dessus du niveau de la Méditerranée un terrein composé d'un sable calcaire renfermant une très-grande quantité de coquilles à peine altérées, et presque toutes parfaitement semblables à celles qui vivent actuellement dans cette mer.

M. Olivier (2) a vu près de Maïta, dans la presqu'île comprise entre l'Hellespont et le golfe de Saros, un grès tendre qui, dans l'anse de Sestos, porte à plus de 7 mètres au dessus du niveau de la mer, un banc assez épais de coquilles marines dont les espèces analogues vivent dans la Méditerranée. M. Olivier nomme parmi ces coquilles l'*ostrea edulis,* les *venus chione* et *cancellata,* le *solen vagina,* le *buccinum reticulatum*, le *cerithium vulgare,* etc. On voit encore sur la côte d'Asie, au-delà de la colline d'Abydos et dans la plaine, les mêmes coquilles que celles du banc de Sestos.

M. Péron a vu, sur la côte Nord de la Nouvelle-Hollande, baie des Chiens-marins, à environ trois mètres d'élévation au-dessus des plus

---

(1) Nouveau Bulletin des Sciences, t. III, 1813, p. 339.
(2) Voyage en Turquie, t. II, p. 41.

hautes marées, un terrein composé de coquilles altérées dans leur texture, mais ayant conservé cependant leur couleur, et qui ne diffèrent que par leur épaisseur, leur volume et leur poids, des coquilles qui vivent encore dans ces mers.

Enfin, le dépôt des coquilles marines des environs de Plaisance, situé dans un lieu peu élevé au dessus du niveau de la mer, composé d'un terrein meuble et limoneux, et renfermant une très-grande quantité de coquilles parfaitement semblables aux espèces vivantes, pourrait bien appartenir à la même époque de formation, quoique les coquilles y soient plus altérées et qu'elles soient situées à une élévation beaucoup plus grande que les précédentes.   A. B.

Observations et recherches critiques sur différens Poissons de la Méditerranée et, à leur occasion, sur des Poissons des autres mers plus ou moins liés avec eux; par M. G. CUVIER.

ZOOLOGIE.
———
Institut.

ON sait quelle étonnante confusion règne dans la synonymie d'un grand nombre d'espèces d'animaux comprises dans le *Systema naturæ*. Les unes sont reproduites jusqu'à deux et trois fois dans un seul genre, et quelquefois même dans des genres ou des ordres différens, tandis que d'autres sont confondues pour n'en former qu'une seule.

Il est à remarquer que les doubles ou triples emplois proviennent du défaut d'exactitude dans les premières descriptions qu'on a faites des animaux, et du besoin de classer qu'ont éprouvé plusieurs naturalistes, à la tête desquels il convient de placer Gmelin. Quant au mélange de plusieurs espèces en une seule, il est singulier, dit M. Cuvier, qu'ils ont lieu de préférence dans les objets les plus communs, les plus usuels, parce que c'est principalement à leur égard qu'on s'en est rapporté aux premiers écrivains qu'on supposait les avoir suffisamment examinés, et parmi ces objets si négligés, les poissons de la Méditerranée sont, de tous, ceux qui l'ont été le plus.

C'est dans la vue de rectifier la synonymie de plusieurs de ces poissons que M. Cuvier s'est livré au travail dont nous allons rendre compte, et dans lequel il a mis en pratique le principe qu'il a avancé le premier, que, dans l'état actuel de l'histoire naturelle, il y a plus d'utilité et plus de difficulté à éclaircir l'histoire des espèces anciennes qu'à publier des espèces nouvelles.

Iᵉʳ MÉMOIRE. *Sur l'ARGENTINE.*

C'EST le poisson dont on se sert en Italie pour colorer les fausses perles. Il appartient à la famille des saumons, quoique beaucoup de naturalistes l'en aient séparé, parce qu'ils n'avaient pas observé sa petite nageoire adipeuse dorsale, qui est l'un des caractères les plus remarquables des saumons.

La synonymie de l'argentine est des plus embrouillées, aussi M. Cuvier s'applique-t-il à l'éclaircir. Salvien, Belon et Paul Jove ne font point mention de ce poisson; Rondelet le décrit sous le nom de *petite sphyrène*, mais il ne fait point mention de la nageoire adipeuse. Gesner et Aldrovande copient Rondelet. Willughby ou son éditeur Rai ont, au contraire, ajouté à la description qu'il en donne. Artédi a suivi Willughby, et le premier a fait de l'argentine un genre distinct de celui des saumons. Linné (*Syst. nat.*, 4ᵉ édit.) copie lui-même Artédi; ensuite il introduit dans le genre *argentina* un poisson qui appartient à celui des brochets (*Mus. princip.*, n° 55). Gronovius en introduit deux autres; mais l'un a des dents aux deux mâchoires, et conséquemment n'est point une argentine; et l'autre, qui est de Surinam, présente tous les caractères des anchois. Enfin ce même auteur (*Zooph.*, lib. 7, c. 4) joint l'argentine au *menidia* de Brown et aux anchois de Rondelet. En résumé, il paraît que son argentine n'est que la melette, espèce du genre anchois dont il sera question ci-après.

La neuvième édition du *Syst. nat.*, publiée par Gronovius, attribue aux argentines des caractères qui ne conviennent qu'aux anchois. Dans la dixième, le naturaliste suédois retire du genre argentine la seconde espèce, pour la placer dans celui des brochets, sous le nom d'*esox hepsetus*, en lui rapportant, à tort, le piquitingua de Marcgrave et le ménidia de Brown, qui sont de véritables anchois. La douzième édition renferme une espèce de plus, l'*argentina carolina*, qui est une espèce d'élops.

Forskahl décrit deux argentines, l'une, qu'il nomme *A. machnata*, qui est maintenant l'*elops saurus*; et l'autre, qu'il appelle *A. glossodonta*, qui paraît être un poisson très-différent.

Pennant (*Brit. Zool.*) a substitué à la véritable argentine celui que M. Risso a décrit depuis sous le nom de *serpe Humboldt*.

Il résulte de toutes ces contradictions que l'argentine (et sur-tout celle de l'édition du *Syst. nat.* de Gmelin) n'est qu'une combinaison arbitraire de la véritable argentine et d'un anchois.

Cependant Gouan, Duhamel d'après Poujet et Brunnich, ont eu connaissance de l'argentine, et ils ont été suivis en partie par Forster (*Enchir*), Bonnaterre (*Encycl.*), et M. de Lacepède. Ce dernier, en conservant toutes les espèces de Gmelin, donne une indication du nombre des rayons branchiaux telle, qu'aucune de ces espèces n'y répugne. Schaw a suivi Gmelin, et M. Risso n'a point reconnu la véritable argentine, puisqu'il lui attribue une langue lisse et une dorsale unique.

L'argentine, telle que la décrit M. Cuvier, n'a que huit à dix pouces de longueur. Ses formes générales sont assez semblables à celles de la truite, mais sa tête est plus grande à proportion. L'œil est grand, placé au milieu de la longueur de la tête. Le museau est médiocre, un peu déprimé horizontalement ; la bouche petite, les deux mâchoires presque égales, sans dents ; l'intermaxillaire très-mince ; le bord antérieur du vomer garni d'une rangée de très-petites dents pointues ; la langue armée de plusieurs dents fortes et aiguës, comme dans les truites ; le bord postérieur du préopercule droit sans dentelures ni épines ; les autres pièces operculaires lisses, et brillant du plus vif éclat de l'argent ; le crâne presque transparent ; la membrane branchiale a six rayons ; le corps sans écailles visibles ; la ligne latérale droite ; la queue, plus comprimée vers sa nageoire, a une échancrure sur son bord postérieur ; les nageoires pectorales, placées fort bas, ont treize rayons ; la première dorsale, située à peu près au milieu du corps, en a dix ; les ventrales onze ; l'anale aussi onze ; la seconde dorsale, située au dessus de l'anale, est très-petite, et adipeuse ; la caudale est fourchue, et formée de vingt-quatre à vingt-six rayons ; chaque côté du corps présente une bande argentée de l'éclat le plus vif. Quelques parties internes de ce poisson, et notamment la vessie natatoire et le péritoine, présentent la même couleur d'argent ; l'estomac est d'un noir foncé, et son pylore est garni de huit ou dix cœcums allongés. Le foie est jaune, etc.

M. Cuvier pense que l'argentine doit former un sous-genre distinct de ceux des *truites* et des *osmères,* parce qu'elle n'a point de dents aux mâchoires ; et de ceux des *ombres* ou *corégons* et des *characins,* parce qu'elle en a sur la langue ; et que, comme l'a fait Schneider, le genre *argentina,* tel qu'il est dans Linné et dans ceux qui l'ont suivi, doit être rayé du système.

IIe Mémoire. *De la* Melette, *espèce de petit poisson du sous-genre des anchois, placé tantôt parmi les athérines, tantôt parmi les brochets ; et des caractères des anchois en général.*

L'anchois (*Clupea encrassicolus*) présente la plupart des caractères des harengs ou clupées, mais il en diffère par un trait distinctif que M. Cuvier a saisi le premier. Au lieu des maxillaires larges et arqués en avant qui forment les côtés de la mâchoire supérieure des harengs, et des intermaxillaires très-petits qui ne permettent à la bouche d'être protractile que par les côtés, l'anchois, à la suite d'un ethmoïde saillant et d'intermaxillaires très-petits, a de très-longs maxillaires droits, constituant une gueule fendue jusque derrière les yeux, ce qui donne à ce poisson une physionomie particulière, qui lui a valu le nom de *lycostomus* ou *gueule de loup*.

La melette, petit poisson très-commun, remarquable par la large bande d'argent qui règne le long de ses flancs, présente les mêmes caractères. Il a été figuré par Duhamel, mais confondu à tort par ce naturaliste avec l'*aphia phalerea* de Rondelet, qui est une sardine. Il a été décrit par Brunnich, et appelé depuis *clupea brunnichii* par Schneider. Commerson l'a considéré comme étant un anchois à mâchoire inférieure courbe; ensuite M. de Lacepède en a donné la description sous le nom de *clupée raie-d'argent*, et l'a figuré, d'après Commerson, sous le nom de *stolephore commersonien*.

Ce genre *stolephore* de Lacep. correspond aux athérines à nageoire unique de Gmelin, et parmi celles-ci M. Cuvier regarde comme étant très-voisine de la melette l'*atherina brownii*, dont le dessinateur a oublié les ventrales.

L'argentine de Gronovius n'est autre chose que la melette, et il paraît qu'on doit aussi lui rapporter le *piquitingua* de Marcgrave (Bras. 159). Ce dernier, confondu par Linné avec la *menidia* de Brown (*atherina brownii*) et avec l'*argentine* de ses *amœnitates* 1, 321, formait son *esox hepsetus* de la dixième édition du *Syst. nat.*

M. Cuvier regarde aussi l'athérine de John White (*Voyage à Botany-Bay*, p. 296, fig. 1.) comme voisine de la melette, et il pense qu'il conviendra de faire de nouvelles observations pour déterminer précisément les espèces auxquelles appartiennent les poissons dont il vient d'être fait mention, et qu'il regarde, sinon comme identiques, du moins comme tellement semblables, qu'on ne peut trouver de caractères suffisans pour les distinguer dans les descriptions et les figures qu'on en a données.

En attendant, ils doivent être réunis à l'anchois vulgaire, aux *clupea atherinoïdes* et *malabarica* de Bl., et au *piquitinga* de Marcgr., pour former le genre ANCHOIS, de la famille des harengs, caractérisé par son ethmoïde proéminent, sa gueule très-fendue, et ses maxillaires longs et droits.

IIIᵉ MÉMOIRE. *Du MULLE imberbe, ou APOGON.*

LE poisson dont il est question dans ce Mémoire paraît n'avoir été vu, et décrit d'après nature, que par Willughby, M. Risso et M. Cuvier.

D'après ce dernier, l'APOGON n'a tout au plus que six pouces de long. Il est court, médiocrement comprimé, et singulièrement ventru dans sa partie moyenne. Sa tête est courte et obtuse, et n'a point ce prolongement vertical ou oblique qu'on remarque dans les mulles. Ses deux mâchoires sont munies de dents très-fines et très-serrées, en velours. Le vomer est garni d'un chevron de pareilles dents, les pharyngiens en ont de plus fortes; il n'y en a point sur la langue. La membrane branchiostège a sept rayons, l'œil est grand. La préopercule, dentelée sur ses bords, a un double rebord formé par une pièce saillante.

L'opercule est garni d'une petite épine à son bord postérieur, et sa surface est, comme le corps, garni de larges écailles. La ligne latérale suit la courbure du dos, dont elle est rapprochée. Les deux dorsales sont distantes; la première a six rayons épineux dont le second est le plus long; la seconde un seul épineux et neuf rameux; les pectorales, dix, mous; les ventrales, un épineux et cinq rameux; l'anale, deux épineux et huit rameux; la caudale, plutôt quarrée que fourchue, en a vingt rameux. — La couleur de l'*apogon* varie suivant les saisons; le fond en est rouge, et tire plus ou moins au jaune. Le bout de la queue présente toujours de chaque côté une large tache noirâtre. La base de la caudale et chacun de ses angles en offre une semblable, ainsi que la pointe de la seconde dorsale. L'entre-deux des yeux est brun. Tout le corps est parsemé de petits points noirs, plus sensibles qu'ailleurs sur les joues et sur les opercules.

D'après cette description, il est facile de voir que l'apogon se rapproche davantage des perches que des mulles, et qu'il ne peut mieux être distingué méthodiquement des perches que par l'intervalle sensible qui sépare les deux dorsales, tandis que dans les perches elles sont contiguës, et s'unissent même souvent par leurs bases. D'ailleurs, l'organisation interne est à peu près la même.

Le nom de *mulle imberbe* avait d'abord été donné par Rondelet au poisson qui est maintenant la *trigla lineata* de Bloch, mais Willughby l'a transporté à celui dont nous venons de donner la description, d'après M. Cuvier : c'est le *re degli trigli* des Maltais. M. de Lacepède, le premier, l'a séparé des mulles pour en former le genre apogon.

L'apogon a été figuré par Gesner, p. 1273, sous le nom de *corvulus*. Gronovius en a fait son genre *amia*, qu'il ne faut pas confondre avec celui que Linné nomme aussi *amia*, lequel est un abdominal de la famille des harengs. Laroche (*Ann. mus., t. XIII.*) l'avait confondu avec la *perca pusilla* de Brunnich. C'est lui qui est figuré sous le nom d'*orthorinque fleurieu*, par M. de Lacepède, d'après un dessin de Commerson intitulé *aspro*; et il est à croire que le *dipterodon hexacanthe*, Lacep., gravé d'après un autre dessin de Commerson, et portant aussi le nom d'*aspro*, n'est encore que le mulle imberbe, ou du moins une espèce très-voisine. Enfin M. Max. Spinola l'a décrit récemment comme un être nouveau, sous la dénomination de *centropome rouge*. (*Ann. mus. X., Pl. 28, fig. 2.*)

IVe MÉMOIRE. *Sur la* DONZELLE *imberbe*.

RONDELET, le premier, décrit un petit poisson de la Méditerranée, qu'il rapporte à l'*ophidum* indiqué vaguement par Pline. Il en distingue celui qu'il nomme *ophidium jaune*, ou *ophidium imberbe*, parce qu'il n'a point de barbillons. Willughby, Artédi et Linné suivent et copient Rondelet, en laissant l'*oph. imberbe* dans le même genre que l'*oph. barbatum*, qui est la donzelle.

La *donzelle barbue*, qui forme le type du genre, a le corps allongé, comprimé, diminuant par degré de hauteur en arrière, la dorsale et l'anale s'étendant sur sa longueur et s'unissant avec la caudale. Tous les rayons de ses nageoires sont articulés; la peau est semblable à celle des anguilles; la tête est courte; les ouïes sont ouvertes comme dans les poissons ordinaires, et ont sept rayons branchiostèges; de petites dents en carde garnissent les intermaxillaires, les mandibulaires, les palatins et l'extrémité antérieure du vomer; l'abdomen n'occupe que le tiers de la longueur du corps, et la troisième vertèbre porte en dessous des plaques osseuses, destinées à retenir la vessie natatoire.

La *donzelle imberbe*, ou du moins le petit poisson que M. Cuvier regarde comme celui ainsi appelé par les auteurs cités ci-dessus, ressemble par tout son port à la donzelle barbue, mais n'a point de barbillons; sa dorsale est beaucoup plus basse; sa couleur est jaune. Il présente aussi les plaques osseuses qui retiennent la vessie natatoire.

L'*ophidium imberbe* de Schoneveld (*Ichth.*, p. 53), celui de Schlammer (*Anat. xiphiœ*, p. 23), et sans doute celui de Linné (*Faun. suec.*), ne sont que le *blennius gunnellus*. L'*ophidium imberbe* de Gronovius, qui cite à tort Petiver et Aldrovande, fig. 349, était un individu desséché et dépourvu de ses barbillons, de l'espèce de l'*ophidium barbatum*.

Pennant n'a vu et représenté qu'une espèce d'anguille.

M. Montaigu (*Mém. soc. Werner.*, t. I, pl. 11, fig. 2), fait mention d'un poisson entièrement différent des précédens : il semble que ses ouvertures branchiales sont conformées comme dans les anguilles, et non comme dans les ophidies; la dorsale a soixante-dix-sept rayons, l'anale quarante-quatre, et la caudale dix-huit ou vingt.

M. Risso (*Ichth. de Nice*, p. 98) paraît avoir décrit la même espèce, mais sa description est incomplète, et il est à souhaiter qu'il publie de nouveaux renseignemens sur ce poisson, qui formerait un troisième *ophidium*.

Les ichthyologistes qui précèdent ont regardé comme étant l'*ophidium imberbe* des poissons bien différens ; d'autres, au contraire, ont décrit cette ophidie sans la reconnaître. Ainsi Brunnich (*Ich. mass.*, p. 13) en parle sous le nom de *fierasfer* ou *gymnotus acus*, et M. Risso l'appelle *notoptere Fontanes* ; mais il est évident que les caractères qui lui appartiennent ne sont point ceux du genre notoptère ni ceux du genre gymnote, on y reconnaît, au contraire, l'*oph. imberbe* de Rondelet, de Willughby et d'Artédi, et celui que M. Cuvier pense appartenir à la même espèce.

Nous ne donnerons point le détail des caractères de ce poisson, dont nous avons tracé ci-devant les traits principaux, comparativement avec l'*oph. barbatum* ; nous nous bornerons à dire qu'il est le *fierasfer* des Marseillais et l'*aurin* des Niçards.

M. Cuvier termine ce Mémoire en prouvant, par la comparaison des deux *ophidium* vivans, avec un poisson fossile des carrières de Monte Bolca, regardé comme appartenant au genre *ophidium* par les naturalistes qui ont arbitrairement imposé des noms aux ichthiolites du Véronais, que rien n'est moins certain que l'assemblage prétendu dans ce gisement, de poissons des mers éloignées, avec nos poissons vulgaires et avec des poissons inconnus.

Ce poisson fossile, loin d'être un *ophidium*, s'en éloigne par une foule de caractères dont les principaux sont, 1.º d'avoir les nageoires dans le milieu du corps, beaucoup plus hautes ; 2.º de ne point présenter les pièces osseuses qui soutiennent la vessie des ophidies ; 3.º d'avoir les rayons branchiostèges concentriques à l'opercule, comme dans les anguilles, les inférieurs étant les plus longs ; 4.º enfin d'avoir le museau pointu, et non obtus comme dans les *ophidium*.

Ces caractères, qui éloignent ce fossile des ophidies, le rapprochent des anguilles. Aussi M. Cuvier n'hésite pas à le placer dans le genre *murena*.

Un autre fossile appartenant, comme le premier, à la collection du Muséum, mais étant bien moins conservé, se rapproche encore plus des anguilles que des ophidies.

Enfin la fig. 2 de la pl. 38 de l'*Ichthiologie véronaise*, représente une troisième espèce bien peu caractérisée, et qu'on ne saurait attribuer à l'un ou à l'autre de ces genres.

Vᵉ MÉMOIRE. *Sur le RASON ou RASOIR* (Corpyhæna novacula *L.*) *et sur d'autres poissons rangés dans le genre des Coryphènes qui doivent être rapprochés de la famille des Labres.*

APRÈS avoir tracé l'histoire du genre *coryphæna* d'Hasselquitz, et rapporté tous les changemens qu'il a subi jusqu'à ce jour, et notamment la distinction faite par M. de Lacepède, du *coryphœna velifera* et du *C. pompilus* sous les dénominations génériques d'*oligopode* et de *centrolophe*, M. Cuvier propose une séparation de plus.

Le *C. novacula* n'a de commun avec la dorade ou vraie coryphène (*C. hippuris*) qu'un front tranchant et vertical, et, sous tous les autres rapports, il se rapproche des labres.

Ce poisson est de médiocre longueur; il n'a que peu de rayons à la dorsale (vingt-trois) et à l'anale (quinze ou seize); ils sont roides et poignans; les écailles du corps sont grandes, et les nageoires verticales en sont dépourvues; la ligne latérale est interrompue. Ainsi que dans les labres, les lèvres sont doubles et charnues. Le front, en apparence semblable à celui des coryphènes, est cependant formé de pièces différentes; dans ces derniers, la saillie tranchante est formée par une crète qui règne sur le dessus du crâne, et qui est composée en partie par le frontal et en partie par l'interpariétal. Dans le *C. novacula*, au contraire, c'est le museau qui se développe dans le sens vertical, et le tranchant est soutenu par l'ethmoïde, les deux intermaxillaires et les deux sous-orbitaires qui se prolongent vers la bouche; d'où il résulte que l'œil est tout au haut de la tête.

Tous les détails ostéologiques, que nous ne rapporterons pas, rapprochent ce poisson de la girelle, qui doit former un sous-genre des labres. Les mâchoires sont garnies de dents coniques, et les antérieures sont crochues; les dents pharyngiennes sont en forme de pavé: c'est aussi ce qu'on observe dans les labres.

D'ailleurs, les coryphènes sont plus alongés, les rayons de leur dorsale et de leur anale sont très-nombreux, et tous sont flexibles; le corps ainsi que les nageoires anales et dorsales sont couverts de très-petites écailles; la ligne latérale est non-interrompue; les lèvres ne sont point charnues, etc.

D'après cette comparaison, M. Cuvier se détermine à séparer le rason des coryphènes pour le placer dans la famille des labres. La forme de sa tête suffit néanmoins pour le faire distinguer sous le nouveau nom générique de Xyrichte (*Xyrichlys*).

Outre cette belle espèce de la Méditerranée, remarquable par les bandes bleues et rouges en travers dont elle est ornée, et par le goût délicieux de sa chair, M. Cuvier place dans le même genre le *rason bleu* d'Amérique de Plumier (*coryph. cœrulea* Bl.), et le *rason à cinq taches* des Indes orientales (*C. pentadactyla*). Les *coryph. psittacus* et *lineata* de la Caroline appartiennent vraisemblablement à ce même genre.

Les *coryph. acuta, sima, virens, hemiptera, branchiostega, japonica* et *clypeata*, ont été décrits si imparfaitement, qu'il est nécessaire de les rejeter hors du système, où ces espèces ne font que porter la confusion.

VIe Mémoire. *Sur le Petit Castagneau, appelé* Sparus chromis *par tous les auteurs, qui doit devenir le type d'un nouveau genre nommé Chromis, et appartenant à la famille des Labres.*

Le castagneau, petit poisson, très-commun sur les côtes de la Méditerranée, mal décrit et mal figuré par Belon (*De Aq.* 266, 267), un peu mieux par Rondelet (*De Pisc.* 152), l'a été passablement par Willughby, p. 330, et, depuis ce dernier auteur, n'a été l'objet d'observations d'aucun naturaliste, si l'on en excepte Brunnich et M. Risso.

C'est à tort qu'Artédi le plaça dans son genre *sparus;* puisque les caractères assignés à ce genre ne peuvent lui convenir, quelque vagues qu'ils soient.

M. Cuvier, ayant eu occasion d'observer le castagneau, s'est assuré qu'il a des rapports beaucoup plus marqués avec les labres qu'avec les spares, et ses recherches l'ont conduit à rapprocher de ce poisson, pour en former un genre sous le nom de *chromis,* plusieurs espèces disséminées dans d'autres genres par les auteurs.

Les chromis ont l'aspect général des labres, les lèvres charnues et doubles, la bouche un peu protractile, leur ligne latérale interrompue, les os pharyngiens conformés comme dans les labres, les cheilines, les scares, le xyrichtes, etc.; leur canal intestinal est continu, sans cœcum, ou avec deux très-petits près du pylore, comme dans ces mêmes poissons.

Quant au caractère générique des *chromis,* il consiste principalement dans la forme des dents, *tant maxillaires que pharyngiennes,* qui sont grêles et serrées sur plusieurs rangs, comme les soies d'un gros velours. Les genres que nous venons de citer présentent des dents coniques ou en crochets sur les maxillaires, et des dents hémisphériques ou en pavé sur les os pharyngiens; leurs nageoires ventrales, dorsales et anales sont terminées par des filamens.

Les espèces du genre chromis sont, 1.° le castagneau commun (*chromis castanea*),abondant sur les côtes de Provence, où on le mange en friture, quoiqu'il soit peu estimé; 2.° le botty du Nil ou *labrus niloticus* d'Hasselquitz, auquel M. Cuvier donne le nom de *chromis nilotica :* celui-ci, quelquefois long de deux pieds, est l'un des meilleurs poissons de l'Egypte; 3.° le *labrus punctatus* Bl., auquel il faut peut-être rapporter la variété du *sp. annularis* de M. Lacepède, formée d'après un dessin de Commerson ; 4.° le labre filamenteux, Lacep. ; 5.° le *sparus saxatilis* de Linné, qui est une *perca* de Bloch et une *cichla* de Schneider; 6.° le *sparus surinamensis* Bl.; et 7.° le labre-quinze-épines de M. Lacepède (de Commerson). M. Cuvier ne connaît ces deux dernières que par les figures qu'en ont données les auteurs qui les ont décrites.

VIIe MÉMOIRE. *Sur les divers genres confondus parmi les LUTJANS et les ANTHIAS, et principalement sur plusieurs Lutjans qui doivent être ramenés à la famille des LABRES, sous le nom sous-générique de CRÉNILABRE.*

LES poissons qui entrent dans ce nouveau sous-genre des labres ne sont en effet que des labres à préopercule dentelée, tels que les *labrus lapina* L., *merula id., viridis id., melops id.;* les *lutjanus chrisops* Bl., *erythropterus id., notatus id., linkii, virescens, venes, norwegicus, rupestris, bidens,* et tous les *lutjans* de Risso, à l'exception de ses *lutjans anthias* et *lamarck.*

Quant à l'*anthias* placé d'abord par Bloch parmi les lutjans, et séparé ensuite par le même auteur pour former un genre particulier, il se fait remarquer par son museau écailleux, sa gueule fendue, ses dents en carde, l'épine très-marquée, et les dentelures qu'on observe à son opercule. Ce poisson, qui serait un *épinelephe* de Bloch et un *holocentre* de M. de Lacepède, entrera dans un démembrement des *holocentres* que M. Cuvier appelle *serrans.*

M. Cuvier fait remarquer que Bloch a décrit une seconde fois son anthias sous le nom de *perca pennanti.* (*Mém. Soc. des Natur. de Berl.,* X.)

Le lutjan lamarck de Risso et une autre espèce, du même, forment un nouveau petit sous-genre, sous le nom de *corycus* (soufflet), à cause de la grande protractilité de leur bouche.

Les vrais lutjans ont la gueule fendue, les dents maxillaires et pharyngiennes en carde, les antérieures en crochets. Ils appartiennent évidemment à la famille des spares. M. Cuvier y place le *lutjanus lutjanus* Bl. le *lut. brasiliensis* Schn., et l'*alphestes sambra.*

A la suite des lutjans proprement dits, vient le sous-genre des DIACOPES, qui, outre la dentelure, ont à leur préopercule une forte échancrure. Tels sont l'*holocentrus benghalensis* Bl. (qui est le même que la *sciena kashmira* Forst.); le labre-huit-raies Lacep.; l'*holocentrus quinque lineatus* Bl.; le spare-lepisure Lacep.; les *lutjanus, bohar, gibbus* et *niger* Schn.; et le poisson de Seba, III, 27, 11, que M. Cuvier nomme *diacope sebœ.*

Il forme le genre DIAGRAMME de l'*anthias diagramma* Bloch, de

1814.

l'*orientalis,* du macolor-renard, de la *perca pertusa* Thunb. (Nouv. act. Stock. 1795, pl. VII, fig. 1), etc. Ce sont des lutjans à dents en velours, à bouche peu fendue, et dont la mâchoire inférieure est percée de gros pores.

Un genre SCOLOPSIS, qu'il établit, comprend des espèces nouvelles qui, outre les dentelures de la préopercule, en ont aussi, et même d'épineuses, aux sous-orbitaires.

L'*anthias macropthalmus* de Bl. et le *boops* Schn. (p. 508) lui fournissent son genre PRIACANTHES. Ils ont la gueule oblique, le museau écailleux jusque sur les maxillaires, la préopercule dentelée, et terminée vers le bas par une épine plate, elle-même dentelée.

Enfin le genre PRISTIPOMES comprend les espèces à dents en velours et à préopercule simplement dentelée. Ce sont les *lutjanus hasta* Bl., *luteus, surinamensis;* le *grammistes furcatus* Schn., le *sparus virginianus* Catesb., les *perca juba* et *unimaculata* Bl.

VIIIe MÉMOIRE. *Sur une subdivision à introduire dans le genre des LABRES.*

LE genre des labres, débarrassé de toutes les espèces qui appartiennent à d'autres genres ou qui sont susceptibles d'en former de nouveaux, est encore si nombreux, qu'il est utile, et même nécessaire, de chercher à le subdiviser.

M. Cuvier préfère aux caractères qu'on emprunte de la nageoire caudale ceux qu'il tire des opercules et de la ligne latérale.

Son premier sous-genre, celui des LABRES proprement dits, renferme les espèces dont les joues et les opercules sont couvertes d'écailles comme le corps, et dont la ligne latérale suit la même courbure que le dos; ce sont les *labrus vetula, guttatus* Bl., *carneus, fasciatus, melagaster, quinque maculatus, punctatus, maculatus,* etc., les labres à deux croissans, hérissés et lisses de Lacepède, et le *bodianus-bodianus* de Bloch, qui n'est qu'un labre.

Le second sous-genre, celui des GIRELLES (*julis*), comprend les espèces dont la tête est nue, et dont la ligne latérale, arrivée vis-à-vis la fin de la dorsale, se courbe pour descendre verticalement, et reprendre ensuite sa direction horizontale; ce sont les *labrus julis* Bl., *gioffredi* Risso, *pictus* Schn., *brasiliensis* Bl., *lunaris id., viridis id., cyanocephalus id., chloropterus, malapterus,* les labres malapteronote, hébraïque, parterre, le spare hémisphère, le labre tenioure, le spare brachion Lac., les *labrus bifasciatus, bivittatus, macrolepidotus* et *melapterus* de Bloch, etc.

Le genre des labres est le type d'une famille très-naturelle, qui se compose des genres *labre, xyrichte, chromis, cheilines, epibulus* de

M. Cuvier (c'est le *sp. insidiator*), *crenilabre* du même, coris, holo-
gymnos et gomphores de M. de Lacepède.

IXe Mémoire. *De l'état actuel du genre Sparus, et des dé-membremens dont il est encore susceptible.*

Le genre sparus d'Artédi, adopté par Bloch et M. de Lacepède, renferme, selon les ichthiologistes modernes, tous les poissons acanthopté-
rygiens thoraciques, à dorsale unique, sans lèvres charnues, sans dentelures ni épines à leurs opercules, et qui n'ont d'ailleurs ni les caractères des gobies, ni ceux des scombres, ni ceux des chœtodons, etc.
Ces caractères, presque tous négatifs, ont en ce cas, comme ailleurs,
l'inconvénient de rapprocher des êtres très-dissemblables.

Bloch, à la vérité, a proposé de séparer des spares les *brama* et
les *cichla*, mais ces distinctions ne sont pas heureuses ou sont insuffisantes.

M. Cuvier procède de la manière suivante à une distribution des
spares qui lui semble plus régulière.

1.° Il retranche les espèces dont il a été question plus haut, et qui
devaient rentrer dans les genres *labres, cheilines, chromis*, etc.; toutes
sont pourvues de lèvres charnues, et ont leur pharyngien inférieur
unique et bien armé.

2.° Il sépare aussi le *brama raii* de Bloch, qui se rapproche davantage
des coryphènes par son front vertical, son museau court, et ses nageoires
dorsales et anales écailleuses. Ce poisson a ses dents en cardes aux
mâchoires et aux palatins.

3.° La saupe (*sp. salpa*) et le bogue (*sp. boops*), qui ont une seule
rangée de dents tranchantes tout autour des deux mâchoires, forment
le nouveau genre Boops. M. Cuvier rapporte avec doute à ce genre le
sp. chrysurus Bloch.

4.° Les spares proprement dits ont sur les côtés de leurs mâchoires des dents en pavés arrondis; ils sont ovales et comprimés;
leur pharyngien inférieur est double ou fourchu, avec des dents en
cardes; leur museau est peu protractile; leurs écailles sont grandes;
ils ont deux, trois ou quatre cœcums. — Ces poissons se nourrissent
principalement de fucus. On peut les subdiviser de la manière suivante :

1er Sous-genre. Les Sargues. Dents antérieures plates et tranchantes
comme les incisives de l'homme. Ce sont les *sp. sargus* Bl., et deux ou
trois espèces étrangères confondues avec lui; le *sp. annularis* Laroch.
(*An. mus.* XIII), qui est le *sp. haffara* de Risso; le *sp. acutirostris*
Laroc. (*id.*), qui est l'*annularis* de Risso; le *sp. puntazzo* Laroc., le
sp. ovicephalus, etc.

2.ᵉ *Sous-genre*. Les DAURADES. Quatre ou cinq dents coniques en avant, sur une seule rangée seulement. Ce sous-genre est le plus nombreux ; il renferme principalement la daurade *sp. aurata* Bl., (qui est la même que le *sp. buffonite* Lacep. le *sp. spinifer* Lacep.); le *sp. mylio* Lacep., qui est le même que le labre-chapelet Lacep. ; le labre-mylostome *id.*; le sp. perroquet *id.*; le sp. bilobé ; le *sp. annularis* Bl., différent des espèces ainsi nommées par Risso et Laroche (*Voyez* les sargues); les *sp. forsteri, miniatus, berda, grandoculis, haran, sarba, hurta*, etc.

3.ᵉ *Sous-genre*. Les PAGRES. Dents antérieures grêles, serrées sur plusieurs rangs, dont le premier est le plus grand, formant une espèce de brosse. Ce sont : le pagre ordinaire, ou *sp. argenteus* Schn. ; le *sp. pagrus* Bl.; le *sp. erythrinus*; le *sp. mormyrus*, etc.

5.° M. Cuvier forme le genre CANTHÈRE des spares dont la bouche est médiocre, le museau peu protractile, et dont toutes les dents sont grêles, et forment une espèce de brosse ou de velours; tels sont les *sp. cantharus*, le *sp. brama* Bl., le *sp. controdontus* Laroc., le labre-macroptère Lacep., ou labre-iris *id.*, et le labre-sparoïde.

6.° Il comprend, dans son genre PICAREL (*smaris*) les sp. *mœna* Rond., *smaris* Laroch., *erythrurus* Bl., *alcyon* Risso, *osbec, zebra*, le sp. bilobé Risso, le labre long museau ou spare breton Lacep., etc., qui ont tous le museau très-protractile, la bouche garnie d'une petite bande, ou même d'une seule rangée de petites dents en velours, et dont le corps est plus allongé que celui des autres poissons de la même famille.

7°. Il réserve le nom de CICHLES aux espèces à gueule fendue et à dents en velours, tels que le *cichla occellaris* Schn. et le labre fourche Lacep., ou son caranxomore sacrestin, et peut-être le labre hololepidote du même, et la *perca chrysoptera* CATESBY.

8.° Enfin il forme son genre DENTEX, des espèces dont les dents coniques sont sur un seul rang, les antérieures étant les plus longues, et plus ou moins arquées ; ce sont les *sp. dentex* Bl., *anchorago id., cynodon id., macropthalmus id., falcatus id.*, et peut-être le harpé bleu doré de Lacep.   A. D.

Résultats des Observations météorologiques faites à Clermont-Ferrand, depuis le mois de juin 1806 jusqu'à la fin de 1813, par M. RAMOND. *Lus à l'Institut le 20 juin 1814. (Extrait.)*

MÉTÉOROLOGIE.

LES observations dont nous allons rendre compte ont été faites avec trois baromètres de Fortin, souvent comparés entre eux, et avec celui de l'Observatoire royal de Paris ; toutes les hauteurs du mercure ont été ramenées à la température de 12°5 du thermomètre centigrade. Le baromètre a toujours été observé à midi (tems vrai), le matin, après midi et le soir, aux heures critiques des oscillations diurnes.

La hauteur moyenne du baromètre, pour l'heure du midi, est de $727^{mm},92$; ce résultat, fondé sur 2267 observations, diffère extrêmement peu de celui que M. Ramond avait déduit des deux premières années. Par une moyenne entre 7296 observations, M. Ramond a trouvé la valeur des oscillations diurnes. En prenant la hauteur de midi pour point de comparaison, le baromètre est plus haut le matin de 38 centièmes de millimètre, plus bas après midi de 56, et plus haut le soir de 33; en sorte que l'abaissement moyen du jour est de 94 centièmes, et l'ascension du soir de 89. Ces nombres s'accordent singulièrement avec ceux que le même auteur avait tirés des deux premières années. (*Voyez* Mémoires de l'Institut pour 1808, page 105.)

La plus grande élévation du baromètre qu'on ait observée à Clermont pendant sept années et demie, est de 743,52, la moindre, de 702,58; mais la variation moyenne est de $35^{mm},6$.

Les nombres que nous venons de rapporter sont particuliers à Clermont, et pourraient servir, au besoin, à calculer la hauteur de cette ville au dessus du niveau de la mer; mais les mêmes moyennes relatives aux différentes saisons, nous apprendront de plus de quelle manière se modifient, chaque mois, les causes qui déterminent l'ascension ou l'abaissement du mercure dans le baromètre.

Voici un extrait des tableaux de M. Ramond :

MOIS.	Hauteur moyenne du baromètre à midi.	Hauteur moyenne du thermomètre à midi.
Janvier. . .	0^m,729 71.	+ 1°,1.
Février. . .	0 ,728 99.	+ 6 ,9.
Mars.. . . .	0 ,727 73.	+ 9 ,4.
Avril. . . .	0 ,725 85.	+ 12 ,5.
Mai.	0 ,726 92.	+ 19 ,7.
Juin	0 ,729 42.	+ 20 ,2.
Juillet . . .	0 ,728 78.	+ 22 ,6.
Août. . . .	0 ,728 85.	+ 21 ,9.
Septembre.	0 ,728 98.	+ 19 ,0.
Octobre . .	0 ,726 49.	+ 14 ,9.
Novembre.	0 ,726 23.	+ 9 ,2.
Décembre.	0 ,727 06.	+ 5 ,2.
Moyennes.	0,727 92.	+ 13 ,5.

Il résulte de ce tableau que le mercure est dans la plus grande élévation en janvier; qu'il descend ensuite jusqu'au mois d'avril, où il est le plus bas; remonte jusqu'en juin; se soutient pendant les mois de juillet, août et septembre, puis redescend jusqu'en novembre, et qu'à partir de cette dernière époque il remonte rapidement pour atteindre la hauteur de janvier. La moyenne barométrique de l'été surpasse celle du printems, qui est la plus petite de toutes, de plus de 2 millimètres.

M. Ramond a remarqué, de plus, que les variations diurnes sont elles-mêmes sujettes à l'influence des saisons; le printems est l'époque des plus fortes oscillations, et l'hiver des moindres; il y a un tiers de millimètre de différence. Quant aux variations accidentelles, au contraire, elles sont au *maximum* en hiver, et au *minimum* en été; leur étendue moyenne surpasse 35 millimètres dans la première saison et ne s'élève pas à 16 dans la seconde.

Afin de mettre le lecteur à portée d'apprécier ce qu'il peut y avoir de particulier à Clermont dans le tableau que nous venons d'extraire de l'intéressant Mémoire de M. Ramond, nous allons rapporter deux tableaux semblables que nous avons formés d'après une nombreuse suite d'observations du thermomètre et du baromètre faites à Strasbourg et à l'Observatoire royal de Paris.

Observations faites à Strasbourg depuis le commencement de l'année 1807, jusqu'à la fin de 1812; par M. HERRENSCHNEIDER.

MOIS.	Moyennes du Baromètre à midi.	Moyennes du Thermomètre à midi.
Janvier. . .	$0^m,7539.$	$+ \ 0^o,2.$
Février. . .	$0 ,7509.$	$+ \ 5 ,4.$
Mars. . . .	$0 ,7516.$	$+ \ 8 ,1.$
Avril. . . .	$0 ,7491.$	$+ \ 12 ,4.$
Mai.	$0 ,7507.$	$+ \ 20 ,6.$
Juin.	$0 ,7523.$	$+ \ 20 ,9.$
Juillet. . .	$0 ,7516.$	$+ \ 23 ,7.$
Août. . . .	$0 ,7519.$	$+ \ 23 ,4.$
Septembre.	$0 ,7514.$	$+ \ 18 ,5.$
Octobre. . .	$0 ,7514.$	$+ \ 13 ,2.$
Novembre.	$0 ,7495.$	$+ \ 6 ,7.$
Décembre.	$0 ,7505.$	$+ \ 1 ,9.$
Moyennes..	$0 ,7512.$	$+ \ 12 ,9.$

La cuvette du baromètre de M. le professeur Herrenschneider était de niveau avec le pied de la tour de Strasbourg.

Moyennes des Observations faites à Paris depuis l'année 1806 inclusivement, jusqu'à la fin de 1813.

MOIS.	Moyennes du Baromètre à midi.	Moyennes du Thermomètre à midi.
Janvier. . .	0^m,757 95.	+ 3°,7.
Février. . .	0 ,757 14.	+ 7 ,4.
Mars. . . .	0 ,757 94.	+ 8 ,9.
Avril. . . .	0 ,756 00.	+ 12 ,0.
Mai.	0 ,755 60.	+ 20 ,2.
Juin.	0 ,758 94.	+ 20 ,7.
Juillet. . .	0 ,756 82.	+ 23 ,6.
Août. . . .	0 ,757 55.	+ 22 ,6.
Septembre.	0 ,757 95.	+ 18 ,7.
Octobre. . .	0 ,756 15.	+ 14 ,4.
Novembre.	0 ,755 97.	+ 8 ,4.
Décembre.	0 ,756 40.	+ 4 ,9.
Moyennes. .	0 ,757 02.	+ 13 ,8.

Dans ces tableaux, comme dans celui de M. Ramond, les moyennes barométriques ont été ramenées à la température de $+ 12°,5$ du thermomètre centigrade, en supposant, d'après les expériences de MM. Laplace et Lavoisier, que le facteur de la dilatation du mercure est pour chaque degré centésimal $\frac{1}{5412}$; il était d'autant plus nécessaire de faire cette correction, qu'elle est tantôt positive et tantôt négative, et que, pour le mois de juillet, par exemple, elle s'élève à plus de 1^{mm},5.   A.

Mémoires sur la détermination du nombre des racines réelles dans les équations algébriques, lus à l'Institut dans le courant de 1813 ; par M. CAUCHY.

MATHÉMATIQUES.

Institut, 1813.

LES géomètres se sont beaucoup occupés de la question qui fait l'objet de ces Mémoires, et qui peut être envisagée sous deux points de vue différens, selon qu'il s'agit des équations littérales, ou selon que l'on considère une équation dont tous les coëfficiens sont donnés en nombres. Dans le second cas, le problème se résout complètement, en formant par les règles connues une équation auxiliaire dont les racines sont les carrés des différences entre celles de la proposée, ce qui fournit le moyen d'assigner une quantité moindre que la plus petite de ces différences, et, par suite, de déterminer non-seulement le nombre des racines réelles, mais aussi des limites entre lesquelles chacune des racines est comprise ; mais relativement aux équations littérales, la question consiste à trouver des fonctions rationelles de leurs coëfficiens, dont les signes déterminent dans chaque cas particulier le nombre et l'espèce de leurs racines réelles : or ce n'était jusqu'à présent que pour les équations des cinq premiers degrés qu'on était parvenu à former de semblables fonctions, et M. Cauchy s'est proposé de compléter cette partie de l'algèbre, en donnant une méthode applicable aux équations littérales de tous les degrés. Cette méthode est fondée sur la considération des courbes paraboliques, dont Stirling et Degua avaient déjà fait usage pour le même objet : on doit la regarder comme une extension de celle que Degua a donnée dans le volume de l'Académie des Sciences pour l'année 1741, et comme une application des principes posés par ce géomètre.

Pour en donner une idée, supposons que l'équation proposée soit représentée par $f x = 0$; faisons $f x$ égale à une nouvelle indéterminée y ; l'équation $y = f x$ appartiendra à une courbe parabolique, c'est-à-dire à une courbe composée d'une seule branche qui s'étend indéfiniment dans le sens des abscisses positives et dans celui des abscisses négatives. Les intersections de cette courbe avec l'axe des abscisses répondront aux racines réelles de l'équation proposée ; or l'inspection seule de la courbe suffit pour montrer que le nombre de ces intersections surpassera au plus d'une unité le nombre des ordonnées *maxima* tant positives que négatives. Lorsqu'il n'y aura qu'un seul *maximum* entre deux intersections consécutives, le nombre des intersections sera précisément égal à celui des *maxima* augmenté d'une unité ; mais si la courbe éprouve plusieurs sinuosités entre une intersection et celle qui la suit immédiatement, l'ordonnée partant de zéro, passera par plusieurs *maxima* et *minima* successifs avant de redevenir nulle, et il est facile de voir que le nombre de ces *maxima* surpassera toujours d'une unité celui des *minima*, d'où il résulte que le nombre total des intersections diminué d'une unité est toujours égal au nombre total des ordonnées *maxima*, moins le nombre des ordonnées *minima* (1).

Ce principe n'est pas modifié par les portions extrêmes de la courbe qui se prolongent indéfiniment au dessus et au dessous de l'axe des abscisses, et dont chacune contient un nombre égal de *maxima* et de

---

(1) Dans tout ceci, le *maximum* et le *minimum* se rapportent aux grandeurs des ordonnées, abstraction faite de leurs signes.

1814.

minima. Il a également lieu par rapport à la totalité de la courbe, et lorsque l'on considère séparément la partie qui répond soit aux abscisses positives soit aux négatives. En effet il est aisé de voir, par un raisonnement semblable au précédent, que, dans l'une des deux parties, l'excès du nombre des ordonnées *maxima* sur celui des ordonnées *minima* est égal au nombre des intersections, et que, dans l'autre partie, il est égal à ce nombre diminué d'une unité. Mais pour savoir de quel côté cette unité doit être retranchée, on observera que les intersections répondant aux racines réelles de l'équation $f\,x = 0$, il suffit de savoir si le nombre des racines négatives est pair ou impair, ce qui se décide, comme on sait, par le signe du dernier terme.

Les plus grandes et les plus petites ordonnées de la courbe que nous considérons répondent aux abscisses déterminées par la différentielle première de l'équation $f\,x = 0$, c'est-à-dire, en employant la notation de M. Lagrange, par l'équation $f'\,x = 0$. Si donc on la sait résoudre, on connaîtra le nombre total des ordonnées *maxima* et *minima*, et il ne s'agira plus que de distinguer les unes des autres. Or, aux sommets des ordonnées *maxima* positives ou négatives, la courbe tourne sa concavité vers l'axe des abscisses; elle est au contraire convexe vers cet axe aux sommets des ordonnées *minima*. Relativement aux premières, les deux quantités $f\,x$ et $f''\,x$ sont des signes contraires, et leur produit est négatif; par rapport aux secondes, ces quantités sont de même signe, et leur produit est positif. Donc, en substituant toutes les racines réelles de l'équation $f'\,x = 0$ dans la fonction $f\,x \times f''\,x$, on connaîtra par les signes de cette quantité combien la courbe a d'ordonnées de chaque espèce, soit dans la partie des abscisses positives, soit dans la partie négative; d'où l'on conclura, d'après les principes précédens, le nombre et les signes des racines réelles de l'équation $f\,x = 0$.

Cette solution du problême suppose, comme on voit, la résolution de l'équation $f'\,x = 0$ d'un degré inférieur d'une unité à celui de la proposée. Elle est due à Degua, qui l'a exposée, avec tous les développemens nécessaires, dans le Mémoire cité plus haut. On y trouve aussi les règles qu'il a données pour reconnaître, sans résoudre aucune équation, si la proposée a toutes ses racines réelles, ou bien si elles sont en partie réelles et en partie imaginaires. Mais ce géomètre croyait impossible de fixer le nombre des racines imaginaires quand il en existe, à moins de résoudre une équation du degré immédiatement inférieur à celui de la proposée.

Tel est le point où Dugua a laissé la question, et où M. Cauchy l'a reprise dans les Mémoires dont nous rendons compte.

Au lieu de résoudre l'équation $f'\,x = 0$, formons-en une autre dont les racines soient les valeurs du produit $f\,x\,f''\,x$ prises avec des signes contraires, et correspondantes à toutes les racines réelles ou imaginaires de $f'x = 0$. Cette équation auxiliaire s'obtiendra par les règles de l'élimination, et elle sera du même degré que $f'x = 0$, c'est-à-dire du degré $n - 1$, si l'on suppose que n marque le degré de la proposée $fx = 0$. Or les valeurs de $fx f''x$, qui répondent à des racines imaginaires de $f'x = 0$, pourront quelquefois être réelles ; mais alors ce produit $fx f''x$ aura nécessairement des racines égales. Si donc on suppose d'abord que l'équation auxiliaire n'a pas de racines égales, il sera certain que le nombre de ses racines positives moins le nombre de ses racines négatives sera égal à celui des racines réelles de la proposée diminué d'une unité. Ainsi la détermination de ce dernier nombre, pour une équation du degré n, se trouve ramenée à celle de la différence entre les nombres de racines positives et de racines négatives pour une autre équation du degré $n - 1$. Voici comment M. Cauchy résout ce second problême.

Soit z l'inconnue de l'équation auxiliaire, et $Z = 0$ cette équation, de manière que Z désigne un polynome en z du degré $n - 1$, M. Cauchy forme une seconde équation auxiliaire dont les racines sont les valeurs du produit ZZ'' multipliées par celles de z et prises avec des signes contraires, c'est-à-dire les valeurs de la fonction $-zZZ''$, qui répondent aux racines de $Z' = 0$; Z' et Z'', désignant à l'ordinaire les deux premières fonctions dérivées de Z. Cette seconde équation auxiliaire s'obtiendra, comme la première, par les règles de l'élimination, et elle sera du même degré que $Z' = 0$, ou du degré $n - 2$. Si l'on suppose qu'elle n'a pas de racines égales, elle jouira d'une propriété qui consiste en ce que la différence entre le nombre de ses racines positives et celui de ses racines négatives, étant augmentée ou diminuée d'une unité, donnera la même différence relativement aux racines positives et négatives de l'équation $Z = 0$. Cette différence, pour la première auxiliaire, se conclura donc de celle qui a lieu pour la seconde, et il suffira de savoir si l'on doit augmenter ou diminuer celle-ci d'une unité. Or cela dépendra uniquement des signes des derniers termes dans les équations $Z = 0$ et $Z' = 0$; car si elles ont toutes deux un nombre pair ou toutes deux un nombre impair de racines positives, auquel cas leurs derniers termes seront de même signe, il faudra diminuer d'une unité la différence relative à la seconde auxiliaire pour en conclure celle qui se rapporte à la première ; et, au contraire, il faudra l'augmenter d'une unité, lorsque l'une de ces équations $Z = 0$ et $Z' = 0$ aura un nombre pair et l'autre un nombre impair de racines positives, c'est-à-dire lorsque leurs derniers termes seront de signes différens. En observant donc que le dernier terme du polynome Z' est de même signe que l'avant-dernier du polynome Z, M. Cauchy énonce cette règle générale :

L'excès du nombre des racines positives sur celui des racines négatives de l'équation $Z = o$ est égal au même excès, par rapport à la seconde équation auxiliaire, diminué ou augmenté d'une unité, selon que le produit des coëfficiens des deux derniers termes du polynome Z est une quantité positive ou négative.

Concevons d'après cela que l'on forme une troisième équation auxiliaire qui se déduise de la seconde, comme celle-ci se déduit de $Z = o$; puis une quatrième qui se déduise de la troisième, aussi de la même manière, et ainsi de suite, jusqu'à ce qu'enfin on soit parvenu à une équation du premier degré, ce qui formera un nombre $n - 1$ d'équations, puisque la première $Z = o$ est du degré $n - 1$, et que le degré s'abaisse d'une unité en passant d'une auxiliaire à la suivante. Supposons que, dans chacune de ces $n - 1$ équations, on fasse le produit des coëfficiens des deux derniers termes; il résulte de la règle qu'on vient d'énoncer, que la différence entre les nombres de racines positives et de racines négatives de la première auxiliaire $Z = o$, sera égale au nombre des produits de cette espèce qui seront négatifs, moins le nombre de ceux qui seront positifs; donc aussi, d'après la relation qui existe entre cette auxiliaire et la proposée $X = o$, le nombre des racines réelles de celles-ci, diminué d'une unité, sera égal à cette même différence entre les nombres des produits de signes différens.

Ainsi, par les signes de $n - 1$ fonctions rationelles des coëfficiens de la proposée, on pourra juger du nombre de ses racines réelles. Pour qu'elles le soient toutes, il faudra que toutes ces fonctions soient négatives; et pour qu'elles soient toutes imaginaires, il suffira que le nombre des positives surpasse d'une unité celui des négatives. Si, par exemple, la proposée est du sixième degré, il y aura pour la réalité de toutes ses racines cinq conditions déterminées; mais, au contraire, pour qu'aucune de ses racines ne soit réelle, il faudra que trois sur cinq quantités soient négatives, condition qui peut être remplie de dix manières différentes.

La règle que M. Cauchy a donnée pour déterminer la différence entre les nombres de racines positives et de racines négatives de la première auxiliaire, peut également s'appliquer à la proposée elle-même; et comme celle-ci est du degré n, il en résulte qu'en formant un nombre n de fonctions de ses coëfficiens, on pourra, d'après leurs signes, déterminer la différence entre les nombres de ses racines réelles de l'une et de l'autre espèces; on en connaît déjà la somme au moyen des $n - 1$ fonctions précédentes; donc, au moyen de $2n - 1$ fonctions rationnelles des coëfficiens de la proposée formées suivant des lois déterminées, on pourra connaître le nombre et l'espèce de ses racines réelles, ce qui est la solution générale du problême que M. Cauchy s'est proposé de résoudre.

Au reste, quoiqu'on n'ait besoin, en dernière analyse, que des deux derniers termes de chaque équation auxiliaire, il n'en faut pas moins les former toutes en entier ; car chacune d'elles est nécessaire au calcul de la suivante. Les calculs deviendront extrêmement compliqués et presque inexécutables, quand il s'agira d'équation d'un degré un peu élevé ; mais cette difficulté parait tenir en grande partie à la nature de la question, et elle n'a pas empêché M. Cauchy d'appliquer sa méthode aux équations complètes des cinq premiers degrés pour lesquels il a formé les systêmes de fonctions dont les signes déterminent le nombre et l'espèce de leurs racines réelles.

Dans l'exposé que nous venons de faire de la méthode de M. Cauchy, nous avons supposé qu'aucune des équations auxiliaires n'avait des racines égales. Lorsque le contraire arrive pour une ou plusieurs d'entre elles ou pour leurs équations primes, ou enfin pour la proposée elle-même, les principes sur lesquels M. Cauchy s'est appuyé ne sont plus généralement vrais, et en même temps les règles qu'il en a déduites deviennent illusoires. En effet, il est facile de voir que, dans le cas des racines égales, quelques-uns des produits dont il faut considérer les signes se trouveront égaux à zéro ; on ne saura plus alors si l'on doit les compter parmi les fonctions positives ou parmi les négatives ; par conséquent les règles précédentes ne seront plus immédiatement applicables. Pour résoudre cette difficulté, M. Cauchy a proposé différens moyens qui nous semblent laisser encore à désirer, et pour lesquels nous renverrons le lecteur aux Mémoires mêmes, qui paraîtront dans le prochain volume du *Journal de l'Ecole Polytechnique.*

P.

Extrait d'un Rapport fait à l'Institut, classe des sciences phy-siques et mathématiques, sur un Manuscrit intitulé Seconde partie du premier volume du Traité de Toxicologie géné-rale, *présenté par* M. ORFILA; *par* MM. PINEL, PERCY et VAUQUELIN.

MÉDECINE.

———

Institut.
12 septembre 1814.

CETTE seconde partie (1) de l'ouvrage de M. Orfila contient l'exposé de l'action que produisent sur l'économie animale les préparations de l'étain, du zinc, de l'argent, de l'or, du bismuth, des acides minéraux concentrés, des alcalis caustiques, du phosphore, des cantharides, du plomb, de l'iode ; et un appendice sur les contre-poisons du sublimé

---

(1) Voyez l'extrait de la première partie, page 66.

1814.

corrosif, de l'arsenic, et du foie de soufre; l'autre suit, dans la manière de procéder, le même ordre qu'il a établi dans la première partie.

Il commence par la partie chimique et médico-légale, ensuite il examine l'effet des poisons sous le rapport physiologique.

1.º Le muriate d'étain injecté dans les veines à la dose de trois quarts de grains agit promptement sur le système nerveux, et produit la mort au bout de dix à douze heures. Introduit dans l'estomac, il détruit la vie en enflammant et corrodant ce viscère. Six expériences ont donné les mêmes résultats.

2.º Une dissolution concentrée de sulfate de zinc agit en stupéfiant le cerveau lorsqu'elle est injectée dans les veines. Introduite dans l'estomac à la dose d'une once, elle ne produit que les vomissemens; mais si on lie l'œsophage, l'animal meurt au bout de deux ou trois jours, et l'on trouve l'estomac enflammé. Six expériences ont confirmé ces faits.

3.º Un tiers de grain de nitrate d'argent dissous dans deux gros d'eau, introduit dans la circulation, donne la mort en cinq ou six heures, en agissant sur le poumon et sur le système nerveux. Introduit dans l'estomac à la dose de trente-six grains, il n'est pas absorbé, et l'animal ne meurt qu'au quatrième ou cinquième jour, par suite de l'inflammation que produit ce caustique. Six expériences ont produit des résultats conformes.

4.º Trois quarts de grain de muriate d'or, dissous dans un gros d'eau et injectés dans les veines, ont donné la mort au bout de six à sept heures, en attaquant fortement les poumons. Introduit dans l'estomac à la dose de douze grains, il fait périr l'animal en cinq ou six jours, et l'estomac est corrodé; par conséquent il n'y a pas eu d'absorption. Cinq expériences sont à l'appui de ces effets.

5.º Le nitrate de bismuth injecté dans les veines porte sa principale action sur le système nerveux, et tue les animaux. Introduit dans l'estomac, il l'enflamme, le corrode, et agit en même temps sur le poumon, en détruisant la vie très-promptement.

6.º Quelques gouttes d'un acide ou d'un alcali injecté dans les veines produisent la mort tout à coup, en coagulant le sang; l'acide sulfurique le charbone comme dans nos vases. Introduits dans l'estomac, ils le corrodent et le perforent, et les animaux meurent en quelques heures, après des vomissemens sanguinolens, et souvent au milieu des convul-sions les plus horribles.

La coagulation du sang est remarquable de la part des alcalis, puisqu'ils empêchent ce fluide de se coaguler lorsqu'il est hors du corps.

Il résulte de tous ces faits que la même substance vénéneuse peut exercer son action meurtrière sur tel ou tel organe, selon le point avec lequel elle a été mise en contact.

Livraison d'octobre.

7.º L'ammoniaque et son sous-carbonate injectés dans les veines coagulent aussi le sang, mais agissent fortement sur le systême nerveux. Introduits dans l'estomac à la dose d'un gros ou deux, ils produisent la mort en peu de tems, et agissent sur le cerveau.

8.º Le muriate de baryte injecté dans les veines, introduit dans l'estomac ou appliqué à l'extérieur, fait périr les animaux très-promptement, au milieu de convulsions effrayantes, en agissant sur le systême nerveux. Six expériences ont prouvé cette propriété. M. Brodie avait déjà annoncé une partie de ces résultats.

9.º Le phosphore dissous dans l'huile et injecté dans les veines produit la mort tout à coup, en se convertissant en acide phosphoreux, qui s'exhale par les narines, ainsi que M. Magendie l'avait déjà vu.

Introduit dans l'estomac en petits cylindres, il passe à l'état d'acide phosphoreux, qui corrode les tissus de cet organe, et occasionne la mort dans l'espace d'un jour ou deux. On trouve dans l'estomac de l'animal moins de phosphore qu'on n'en avait employé.

Lorsqu'on dissout le phospore dans l'huile avant de le faire prendre à l'animal, il se transforme en acide phosphorique, la vie est détruite au bout de quelques heures, et l'estomac est rempli de trous. Six expériences ont prouvé ce fait.

10.º L'acétate de plomb introduit dans l'estomac à la dose d'une once et demie, occasionne des vomissemens abondans, et la mort arrive dix, douze ou quinze heures après. On trouve à l'ouverture une véritable inflammation des parties qui composent le canal digestif.

S'il est curieux de chercher les effets que produisent les corps nuisibles qui y sont introduits, soit par les vaisseaux, soit par la bouche; il est encore plus curieux, et sur-tout plus utile, de chercher les moyens d'empêcher les effets délétères de ces corps, ou au moins de les arrêter quand ils ont déjà commencé: c'est de quoi s'est occupé M. Orfila dans la partie médicale de son ouvrage.

1.º Le lait est le véritable contre-poison du muriate d'étain, substance avec laquelle on s'est quelquefois empoisonné. Le lait est complètement coagulé par ce sel; le coagulum renferme beaucoup d'oxyde d'étain et d'acide muriatique, et ce coagulum n'est pas vénéneux. Trois expériences ont prouvé la même chose.

2.º Le muriate de soude est le véritable contre-poison du nitrate d'argent, puisqu'il a empêché les effets corrosifs de ce sel; deux expériences l'ont démontré.

3.º La magnésie calcinée, proposée par Pelletier comme le moyen le plus sûr d'arrêter l'action des acides, réussit en effet très-bien, plusieurs expériences l'ont démontré; mais il faut que ce remède soit administré très-promptement.

4.º Les sulfates de soude et de magnésie sont les véritables contrepoisons des sels de plomb et de baryte. Il résulte de l'action réciproque de ces substances des sels qui purgent et font rendre beaucoup de sulfate de baryte et de plomb. Il faut employer ces antidotes en grande quantité et à plusieurs reprises.

M. Orfila a observé que le sulfure de potasse, conseillé par Navier pour arrêter les effets des sels métalliques, n'est d'aucune utilité.

5.° L'acide acétique est le remède le plus efficace dans l'empoisonnement par les alcalis ; M. Orfila a fait plusieurs expériences qui le constatent.

6.° L'iode produisant sur les substances organiques mortes des effets fort analogues à ceux qu'exerce l'acide muriatique oxigéné, M. Orfila a été curieux de connaître quels seraient les effets qu'il produirait dans l'économie animale vivante. Introduit dans l'estomac en petite quantité, il agit comme un stimulant léger, et détermine le vomissement. A la dose d'un gros il fait constamment périr les animaux auxquels on a lié l'œsophage, en produisant des ulcérations à la membrane muqueuse. A la dose de deux ou trois gros il agit de la même manière sur les animaux dont l'œsophage n'a pas été lié, et qui sont plusieurs heures sans vomir. Il produit rarement la mort lorsqu'il a été administré à la dose d'un gros ou deux, et que les animaux le rejettent peu de tems après par des vomissemens. Il ne détruit jamais la vie appliqué à l'extérieur.

Il agit sur l'homme comme sur les chiens. M. Orfila ayant pris une fois deux grains d'iode, éprouva des nausées ; une autre fois quatre grains, il eut des nausées avec resserrement de la gorge, des vomissemens, et une légère oppression ; une autre fois six grains, mêmes symptômes, et de plus une accélération du pouls, et des coliques.

Dans un appendice à son ouvrage, M. Orfila fait voir que le charbon n'est point le contre-poison du sublimé corrosif et de l'acide arsenieux (arsenic blanc), comme M. Bertrand l'annonce ; car 1.° les animaux qui ont pris six grains de l'un ou de l'autre de ces poisons, mêlés avec quatre fois autant de charbon que M. Bertrand en a employé, sont morts au bout d'un jour ou deux lorsqu'on leur a lié l'œsophage, et l'estomac s'est trouvé fortement corrodé. Or, ce qui constate l'essence d'un contre-poison des substances corrosives, c'est d'empêcher la corrosion.

2.° Presque tous les animaux qui ont pris ce mélange, et qui n'ont point eu l'œsophage lié, sont morts après avoir vomi plusieurs fois, et l'estomac s'est trouvé fortement enflammé.

Deux seulement, sur vingt de ces animaux qui ont été soumis à ces expériences, ont échappé, parce qu'ils ont vomi sur-le-champ le poison enveloppé dans le charbon.

Pour prouver que le charbon n'avait agi que comme enveloppe, on a donné à ces deux animaux six grains du même poison enveloppé dans l'argile; il ont vomi aussitôt, et se sont rétablis.

L'eau de charbon n'est pas plus efficace.

Dans le même appendice, M. Orfila établit par des expériences, 1.° que le sulfure de potasse est un poison corrosif énergique; 2.° qu'à la dose d'un gros il produit la mort en dix-huit ou vingt heures lorsqu'on a lié l'œsophage, en déterminant l'inflammation et l'ulcération des membranes de l'estomac, et en agissant sur le système nerveux; 3.° qu'à la dose de trois ou quatre gros il tue les animaux en trois ou quatre heures de tems, si on les a empêché de vomir.

L'auteur a fait toutes ces expériences sur des chiens.

F. M.

***

Sur une Chambre obscure et un Microscope périscopiques; par M. William-Hyde WOLLASTON. (*Extrait.*)

PHYSIQUE.

Transact. phliloso-
phiques ponr 1812.
2ᵉ Partie.

L'EFFET d'une lentille ordinaire est, comme tout le monde sait, de faire converger un faisceau quelconque de rayons parallèles vers un point qu'on nomme le *foyer*, et dont la position dépend à la fois de la force réfringente du verre, et de la courbure plus ou moins considérable de ses surfaces; mais il faut remarquer que cette réunion en un point unique se fait avec d'autant plus d'exactitude que la lentille a moins d'ouverture. L'expérience et le calcul montrent, en effet, que les rayons qui tombent près des bords d'une lentille formée de deux segmens sphériques, se réunissent plus tôt que ceux qui avoisinent son axe, en sorte qu'avec une ouverture un peu considérable, l'image d'un objet qu'on recevrait sur une surface plane ne serait jamais parfaitement distincte, quelle que fût d'ailleurs la position de l'écran. Ce défaut, que les géomètres ont appelé l'*aberration de sphéricité*, n'est pas sensible dans les besicles dont on se sert habituellement, par la raison que la pupille a peu de diamètre et est très-rapprochée du verre, en sorte que les rayons qui, partant d'un point donné, peuvent atteindre le fond de l'œil, n'embrassent sur le verre lenticulaire qu'une étendue fort petite, et à très-peu près égale à celle de la pupille. Il résulte de là que la grande ouverture qu'on donne aux verres des lunettes, ne contribue presque point à augmenter l'intensité des images qui se peignent au fond de l'œil, mais qu'elle est utile sous ce rapport, qu'elle permet d'apercevoir plusieurs objets, soit à la fois, soit successivement, sans que l'observateur soit obligé de tourner la tête : il est clair seulement qu'alors les points diversement situés se verront par des portions plus ou moins rapprochées des bords de la lentille, et que puisque ces différentes parties ont des foyers inégaux, on n'apercevra pas avec la même netteté tous les objets qu'on peut embrasser d'un même coup-d'œil. Si, par exemple, les rayons qui tombent parallèlement à l'axe du verre se réunissent exactement sur la rétine, ceux qui viendront dans une autre direction se réuniront avant de rencontrer cette membrane; les points d'où les premiers rayons émanent se verront distinctement, tandis que les autres donneront, en même tems, une peinture d'autant plus diffuse, qu'ils formeront un angle plus grand avec l'axe. L'œil peut, il est vrai, à cause de la grande mobilité dont il jouit, adapter succssivement sa conformation à la convergence particulière des faisceaux qui passent par les différentes parties de la lentille; mais ceci doit, à la longue, fatiguer considérablement cet organe, et ne corrige pas d'ailleurs le défaut qu'ont les lunettes de ne montrer distinctement qu'un seul objet à la fois.

Le docteur Wollaston avait indiqué, en 1804, une construction qui semble remédier à une partie de ces inconvéniens, et qui consiste à substituer un ménisque convexe-concave aux lentilles bi-convexes dont on se sert habituellement. Si la surface convexe du ménisque est du côté de l'objet, ses différentes parties se présenteront presque perpendiculairement aux divers points qui peuvent envoyer des rayons dans l'œil, et l'aberration de sphéricité sera, sinon entièrement détruite, du moins considérablement atténuée. Tels sont les principes de ce genre particulier de lunettes que le docteur Wollaston a appelées *périscopiques* (1), parce qu'elles peuvent servir à voir distinctement dans tous les sens. Le même physicien propose aujourd'hui, dans le Mémoire qui fait l'objet de cet article, d'apporter des modifications analogues aux chambres noires et aux microscopes.

Si l'on suppose que, dans une chambre noire ordinaire, formée avec une lentille bi-convexe, l'écran parallèle à la lentille sur lequel les images des objets éloignés viennent se peindre soit placé à une distance telle que les points qui avoisinent l'axe se voient distinctement, les objets latéraux seront diffus, et dans un degré d'autant plus grand qu'ils seront plus loin du centre du tableau. Cette diffusion provient de deux causes, savoir, premièrement, et comme nous l'avons remarqué plus haut, de ce que les rayons qui traversent obliquement la lentille se réunissent plus près de sa surface que ceux qui la rencon-

---

(1) Il paraît que les opticiens s'étaient déjà servis, très-anciennement, de ce genre de verres, auquel ils ont substitué depuis des lentilles bi-convexes, parce que les ménisques sont plus difficiles à travailler. Quoi qu'il en soit, au demeurant, de la date de cette invention, il restera toujours au docteur Wollaston le mérite d'avoir indiqué le premier les raisons qui doivent faire préférer les ménisques aux lentilles ordinaires.

trent perpendiculairement, et en second lieu, de ce que les points de l'écran sont d'autant plus éloignés du centre de la lentille qu'ils s'écartent davantage de celui auquel l'axe aboutit. Or on peut corriger en grande partie ces défauts, soit en donnant une courbure convenable à l'écran, soit, comme le docteur Wollaston le propose, en substituant à la lentille un ménisque dont la concavité serait tournée du côté de l'objet, et la convexité du côté de l'image. Il est facile de voir en effet que, dans un verre de cette forme, les pinceaux obliques se réuniront plus loin que ceux qui tombent parallèlement à l'axe, et que, par-là, si l'on adopte des courbures convenables, on pourra compenser la plus grande distance à laquelle sont placés les points de l'écran sur lesquels les pinceaux obliques vont se peindre.

L'auteur dit s'être assuré, par expérience, que cette nouvelle construction a sur l'ancienne des avantages marqués. Le ménisque dont il se servait avait 22 pouces anglais de foyer, son ouverture était de quatre pouces, et les courbures de ses surfaces dans le rapport de 1 à 2, environ. Il avait placé à un huitième de la distance focale de la lentille, et du côté concave, un diaphragme circulaire de 2 pouces de diamètre, destiné à marquer la quantité et la direction des rayons que le ménisque devait transmettre.

Nous allons terminer cet extrait par la traduction du paragraphe qui est relatif au microscope periscopique.

« Le plus grand défaut des microscopes auxquels on applique de
« forts grossissemens est le manque de lumière; il est par conséquent
« utile de donner à la petite lentille toute l'ouverture qui est compa-
« tible avec la netteté de la vision. Mais si l'objet qu'on observe
« soutend un angle de plusieurs degrés de chaque côté du centre, on
« ne pourra obtenir la distinction nécessaire pour toute la surface, à
« cause de la confusion occasionnée par les grandes incidences des
« rayons latéraux, à moins qu'on ne se serve d'une petite ouverture,
« et ceci diminue proportionnellement la clarté.

« Pour remédier à ces inconvéniens, je pensai que le diaphragme
« qui limite l'ouverture de la lentille pouvait être placé avec avantage
« à son centre. Pour cela je me procurai deux lentilles plans-convexes
« de même rayon, et en appliquant leurs surfaces planes sur les
« deux côtés opposés d'une lame mince de métal dans laquelle on
« avait pratiqué une petite ouverture, je me procurai l'effet désiré,
« puisque j'avais ainsi une lentille double convexe dont les surfaces
« étaient rencontrées perpendiculairement tout aussi bien par le pin-
« ceau du centre que par les pinceaux obliques. L'ouverture qui
« donne le plus de netteté avec une lentille de ce genre doit avoir
« pour diamêtre le cinquième environ de la distance focale; et si
« l'ouverture est bien centrée, le champ de la vision occupe un espace

« de vingt degrés en diamètre. Il est vrai que l'on perd une portion de
« lumière en doublant le nombre des surfaces, mais ceci est plus que
« compensé par l'augmentation d'ouverture qui, dans cette construction,
« est compatible avec la netteté de la vision. »

A.

Mémoire sur l'Intégration des Equations aux différentielles partielles ; par M. AMPÈRE.

MATHÉMATIQUES.

Institut.
11 juillet 1814.

M. AMPÈRE ne s'occupe dans ce Mémoire que des équations aux différences partielles à trois variables, dont une est fonction des deux autres. Il expose d'abord des considérations générales qui conviennent aux équations de tous les ordres, et qui se rapportent au nombre et à la forme des quantités arbitraires que doit renfermer l'intégrale générale d'une équation d'un ordre donné, à la manière dont ces quantités se multiplient à mesure qu'on différentie l'intégrale par rapport à l'une ou à l'autre des deux variables indépendantes, et enfin aux conditions que doivent remplir les quantités comprises sous les fonctions arbitraires. Nous allons, autant qu'il sera possible, faire connaître dans cet extrait les idées de l'auteur sur ces trois points différens.

M. Ampère part du principe qu'une équation aux différences partielles étant donnée, son intégrale, pour être générale, ne doit fournir, par l'élimination des fonctions arbitraires, aucune équation différentielle qui ne pourrait pas se déduire également de la proposée. Il en conclut que, si l'on différentie l'intégrale jusqu'à un ordre quelconque, le nombre des quantités arbitraires contenues dans le système d'équations qu'on obtiendra de cette manière, ne devra jamais être moindre que le nombre de ces équations, mais le nombre de celles que la proposée fournit en la différentiant jusqu'au même ordre. Supposons, par exemple, que celle-ci soit une équation du premier ordre, et qu'on la différentie, ainsi que son intégrale, jusqu'au troisième ordre : on formera deux systèmes, l'un de dix et l'autre de six équations ; or le nombre des arbitraires contenues dans le premier ne pourra pas être plus petit que quatre, sans quoi l'on en déduirait, en les éliminant, plus de six équations, c'est-à-dire plus d'équations que n'en peut fournir l'équation donnée du premier ordre. Il y en aurait donc parmi elles qui ne pourraient pas se déduire de cette dernière par voie de différentiation, ce qui serait contre le principe que nous venons d'énoncer.

Comme les constantes arbitraires restent toujours les mêmes, et n'augmentent pas en nombre dans les différentiations successives, il suit de ce principe qu'elles ne peuvent jamais, en quelque nombre qu'on les prenne, servir à compléter les intégrales des équations aux différences partielles. Il n'en est pas de même des fonctions arbitraires; elles produisent, en les différentiant, d'autres quantités qu'on doit traiter dans les éliminations comme des inconnues indépendantes des fonctions dont elles sont dérivées; et c'est pour cette raison que l'intégrale qui contient de semblables fonctions peut satisfaire au principe en question dans toute sa généralité.

Lorsqu'une fonction arbitraire est comprise sous le signe d'intégration, elle peut s'y trouver de deux manières essentiellement distinctes : il peut arriver que l'intégrale ne contienne pas d'autres variables que la quantité renfermée dans la fonction arbitraire, et alors l'intégration donne pour résultat une nouvelle fonction de cette même quantité; ou bien l'intégrale renferme, hors de la fonction arbitraire, une seconde variable qui doit être traitée comme constante dans l'intégration, ce que M. Ampère appelle avec raison une *intégration partielle*. Il divise les intégrales des équations aux différences partielles en deux classes : la première, dont il s'occupe presque exclusivement, comprend toutes les intégrales qui ne renferment pas les fonctions arbitraires sous des signes d'intégrations partielles; la seconde se compose de toutes celles qui contiennent des intégrales partielles, lesquelles peuvent être d'ailleurs des intégrales indéfinies ou des intégrales définies prises par rapport à une variable qui n'entre pas dans l'équation différentielle donnée.

Ces deux classes d'intégrales se distinguent l'une de l'autre en ce que, relativement à celles de la première classe, le nombre de nouvelles arbitraires qui paraissent à chaque ordre de différentiation ne peut jamais surpasser celui des fonctions arbitraires distinctes que l'intégrale contient, ce qui n'a pas lieu par rapport aux intégrales de la seconde classe. D'après cette propriété, et en s'appuyant toujours sur le principe ci-dessus énoncé, M. Ampère démontre qu'une intégrale de première classe, pour être générale et sous forme finie, doit contenir un nombre de fonctions arbitraires distinctes égal à celui qui marque l'ordre de l'équation aux différences partielles à laquelle elle correspond. On a déjà remarqué qu'au-delà du premier ordre il existe des équations dont les intégrales générales renferment un moindre nombre de fonctions arbitraires; il faut donc, en vertu de ce nouveau théorème, que ces intégrales n'appartiennent pas à la première classe, et en effet celles qu'on a trouvées jusqu'ici sont exprimées en séries ou sous forme d'intégrales définies (1).

____

(1) Journal de l'École Polytechnique, treizième cahier, page 109, et quinzième cahier, page 242.

Lorsqu'on différentie successivement une intégrale de première classe, il n'arrive pas toujours que les nouvelles arbitraires qui dérivent des fonctions qu'elle renferme se présentent dès les premières différentiations. M. Ampère examine à quoi tient cette circonstance, puis il démontre que si une dérivée paraît pour la première fois dans une différence partielle d'un certain ordre, elle sera en même tems contenue dans toutes celles du même ordre, et qu'il y aura une arbitraire de plus dans chaque ordre plus élevé. Ce théorême n'admet d'exception que dans le cas particulier où la quantité contenue sous une fonction arbitraire se réduit à l'une des deux variables indépendantes de l'équation aux différences partielles donnée. Il sert à M. Ampère pour résoudre, sans supposer aucune intégration, un problême que nous ne pouvons point indiquer dans cet extrait, et qui est relatif à la forme de l'intégrale dont est susceptible une équation donnée.

Quand une intégrale est exprimée sous forme finie, il est évident qu'elle perdrait cette propriété si l'on venait à changer les quantités renfermées sous les fonctions arbitraires. Ces quantités ne peuvent donc pas être prises au hasard, et, au contraire, elles doivent avoir un caractère particulier qu'il serait important de connaître. M. Ampère le détermine en effet dans le cas où l'intégrale est supposée appartenir à la première classe ; il trouve alors, quel que soit l'ordre de l'équation donnée aux différences partielles, des équations du premier ordre auxquelles doivent satisfaire les quantités contenues sous les fonctions arbitraires dans son intégrale. Ces équations sont celles que M. Monge a données pour déterminer les courbes qu'il appelle *caractéristiques*, et qui sont, comme on sait, les lignes très-remarquables suivant lesquelles deux surfaces différentes qui répondent à une même équation aux différences partielles peuvent avoir, sans se confondre, un contact d'un ordre aussi élevé qu'on voudra.

P.

Recherches chimiques sur les corps gras, et particulièrement sur leurs combinaisons avec les alcalis.

TROISIÈME MÉMOIRE. *De la saponification de la graisse de porc, et de sa composition.*

M. CHEVREUL ayant obtenu, par la saponification de la graisse, 1.° une masse savonneuse formée de margarine, de graisse fluide, d'huile volatile et d'un principe orangé ; 2.° une eau mère contenant du principe doux des huiles, de l'acétate et du sous-carbonate de

CHIMIE.

Institut, 1813.

potasse, recherche dans ce Mémoire si ces composés sont tous des produits essentiels de la saponification, et s'ils existent tout formés dans la graisse.

Il fait voir que *l'acide acétique est un produit accidentel*, car 190 grammes de graisse saponifiée par la potasse à la chaux, n'ont donné qu'une quantité d'acide représentée par $0^{gr},01$ d'acétate de barite, tandis que le même poids de graisse saponifiée par la potasse à l'alcool, dont on s'était servie pour faire le savon qui a été l'objet de l'analyse rapportée dans le deuxième Mémoire de l'auteur, a donné une quantité d'acide représentée par $0^{gr},15$ d'acétate.

Il en est de même de l'acide carbonique, car $16^{gr},5$ de graisse saponifiée, dans une cloche renversée sur le mercure, par 10 grammes de potasse qui contenait 30 centimètres cubes de gaz acide carbonique, ont donné un savon dont l'acide muriatique a dégagé 31 centimètres cubes de ce gaz.

Le gaz oxigène n'est point nécessaire à la saponification, puisqu'une solution de potasse faite avec de l'eau qui a bouilli pendant long-tems, saponifie très-bien la graisse qui a éprouvé une fusion prolongée, et qui a été soustraite au contact de l'air.

Les résultats précédents étant absolument négatifs pour la théorie de la saponification, M. Chevreul établit un parallèle entre la graisse naturelle et celle qui a été saponifiée.

Graisse naturelle.

Elle est blanche, l'odeur en est faible.

Un thermomètre plongé dans la graisse fondue à 50°, descend à 25,93, il reste quelque tems stationnaire, et remonte à 27° quand on l'agite avec la graisse.

100 grammes d'alcool bouillant à 0,816, n'ont pu dissoudre que $2^{gr},80$ de graisse.

La graisse n'a aucune action sur le tournesol.

100 grammes de graisse saponifiée produisent $4^{gr},42$ de matière soluble dans l'eau.

Graisse saponifiée.

Elle a une légère couleur citrine, une odeur désagréable.

Un thermomètre plongé dans cette graisse fondue à 50°, descend de 40 à 39, et remonte à 40,5 par l'agitation.

A la température de 60°, 100 grammes d'alcool bouillant ont dissous plus de 200 gr. de graisse saponifiée.

La graisse saponifiée rougit fortement le tournesol.

La graisse saponifiée s'unit à la potasse avec la plus grande facilité sans rien céder à l'eau et sans éprouver de changement sensible, de sorte que la graisse éprouve, par une seule saponification, tous les changemens qu'elle peut recevoir de l'action des alcalis. La graisse saponifiée est formée de margarine et de graisse fluide, car, en la lavant avec l'alcool, on obtient des cristaux de margarine presque pure, puisqu'ils ne se fondent qu'à 51,5.

Le peu de rapport qui existe entre la graisse saponifiée et la graisse naturelle, semblait indiquer que la graisse éprouvait un changement de nature de la part de l'alcali, car il était peu vraisemblable que la graisse naturelle fût un composé de principe doux et des corps trouvés dans la graisse saponifiée. Pour savoir jusqu'à quel point cette opinion était fondée, M. Chevreul fut conduit à examiner la graisse sous le rapport de sa composition immédiate.

Ayant traité cette substance par l'alcool bouillant un grand nombre de fois, et ayant séparé la portion qui se déposait par le refroidissement de la liqueur, de celle qui restait en solution, M. Chevreul est parvenu à séparer de la graisse deux substances principales, dont l'une se fondait entre le 36 et le 38°, et l'autre entre le 7 et le 8°. Ces deux substances étaient peu solubles dans l'alcool, car 100 p. de ce liquide bouillant n'en ont dissous que 1,8 de la première, et 3,2 de la seconde; elles n'avaient aucune espèce d'action sur le tournesol, et ne différaient guère de la graisse naturelle que par leur fusibilité; d'un autre côté chacune d'elles donnait, par la saponification, les mêmes produits que la graisse d'où elles avaient été extraites, mais ces produits étaient en des proportions différentes; ainsi on obtenait de la première peu de principe doux, peu de graisse fluide et beaucoup de margarine; de la seconde, peu de margarine, une quantité notable de principe doux, et beaucoup de graisse fluide.

Puisqu'on retrouve dans les deux substances provenant de la graisse toutes les propriétés de cette matière, il en faut conclure qu'elles n'ont point éprouvé d'altération dans le cours des procédés employés pour les séparer l'une de l'autre, que conséquemment il faut les regarder comme des principes immédiats, et qu'il y a entre elles le même rapport de propriétés qu'entre la margarine et la graisse fluide.

M. Chevreul termine son Mémoire par la considération suivante sur la saponification. Les principes immédiats qui constituent la graisse ne paraissent pas susceptibles de s'unir directement à la potasse; pour que cette union ait lieu, il est nécessaire qu'ils éprouvent un changement dans la proportion de leurs élémens. Or ce changement donne naissance à trois corps au moins, la *margarine, la graisse fluide et le principe doux;* et ce qu'il faut remarquer, c'est que ce changement a lieu sans qu'il y ait absorption d'aucun corps étranger à la graisse, et sans qu'il y ait une portion d'un de ses élémens qui s'en sépare, de sorte que ces élémens se retrouvent en entier dans les produits de la saponification combinés dans un ordre différent de celui où ils l'étaient dans la graisse.

Puisque le changement de proportion d'élémens que subissent les principes immédiats de la graisse est déterminé par l'action de l'alcali, il est évident que tous les principes de nouvelle formation, ou le plus grand nombre, doivent avoir beaucoup d'affinité pour les bases solifiables. Or c'est ce qui distingue sur-tout la margarine, la graisse fluide et même le principe doux, des principes de la graisse non saponifiée. Comme l'idée que nous avons de l'acidité est inséparable d'une grande affinité pour les alcalis, il s'ensuit que des corps dont la formation aura été déterminée par l'action de ces agens, devront posséder plusieurs caractères des acides; dès lors la grande affinité de la margarine et de la graisse fluide pour les bases salifiables, la propriété qu'elles ont de rougir le tournesol, de décomposer les carbonates alcalins pour s'unir à leur base, n'ont plus rien de surprenant, et conduisent naturellement à ce résultat, que si l'on fait dépendre l'acidité d'une grande tendance à neutraliser les propriétés alcalines, des corps opposés de nature aux acides oxigénés pourront la posséder aussi bien que ces derniers.

C.

Mémoire sur l'Iode; par M. GAY-LUSSAC.

CHIMIE.

———

Institut.

Août 1814.

IL y a déjà plusieurs années que M. Courtois découvrit en France, dans la soude de varec, une substance qui se volatilisait en vapeur pourpre, et qui était douée de propriétés qui la distinguaient des corps connus. Au commencement de 1812, il fit part de sa découverte à MM. Clément et Desormes, qui l'annoncèrent publiquement à l'Institut, le 29 novembre 1813, dans une note composée de leurs propres observations et de celles de M. Courtois. Dans la séance du 6 décembre, M. Gay-Lussac, qui avait reçu quelques jours auparavant, de M. Clément, une certaine quantité de la nouvelle substance, avec l'invitation de l'examiner d'une manière spéciale, lut un Mémoire dans lequel il établissait les rapports qu'elle avait avec le chlore, et proposait de lui donner le nom d'*iode.* Les rapprochemens que M. Gay-Lussac avait faits furent pleinement confirmés par M. Davy, qui se trouvait alors à Paris, et qui consigna ses observations dans une lettre datée du 11 décembre, qui fut lue à l'Institut le 13 du même mois. Depuis cette époque, M. Gay-Lussac s'est livré à une suite de travaux extrêmement importans dont nous allons rendre compte. Ils ont été le sujet de plusieurs lectures faites à l'Institut dans les premières séances du mois d'août.

Propriétés de l'Iode.

L'iode à l'état solide est d'un gris noir; à l'état de vapeur, d'un très-beau violet. Il a une odeur analogue à celle du chlore, et une saveur âcre. Il cristallise en paillettes, en lames rhomboïdales, et en octaèdres alongés. Il est friable, et susceptible d'être porphyrisé. Il détruit les couleurs végétales, mais avec moins de force que le chlore. A la température de 17°, il a une pesanteur spécifique de 4,948.

Il se fond à 107°, et se volatilise, sous la pression de $0^m,76$ de mercure, entre 175 et 180°. Il n'est pas conducteur de l'électricité.

Il n'est point inflammable; on ne peut même le combiner directement avec l'oxygène. M. Gay-Lussac le considère comme un corps simple, et le place entre le chlore et le soufre, parce qu'il a des affinités plus fortes que celui-ci et plus faibles que le premier, et que ses combinaisons ont les plus grands rapports avec celles de ces corps; comme eux il forme des acides en s'unissant avec l'oxygène et l'hydrogène. M. Gay-Lussac établit la nomenclature suivante, qui nous paraît devoir être adoptée à cause de sa simplicité. Il appelle les combinaisons acides du chlore et de l'iode avec l'oxygène *acides chlorique* et *iodique*, et joint le mot *hydro* au nom spécifique des acides contenant de l'hydrogène. De-là les noms d'*acide hydrochlorique*, d'*acide hydriodique*, d'*acide hydrosulfurique*, pour désigner l'acide muriatique, la combinaison d'iode et d'hydrogène, et enfin l'hydrogène sulfuré. M. Gay-Lussac appelle *chlorure* et *iodure* le résultat de la combinaison du chlore et de l'iode avec les combustibles et les oxydes, et il établit en principe que le nom générique d'une combinaison qui est formée de deux élémens susceptibles de s'unir à l'hydrogène doit dériver du nom de l'élément dont l'affinité pour l'hydrogène est la plus forte. Le même principe est applicable aux composés dans lesquels il n'y a qu'un élément qui puisse se combiner à l'hydrogène.

De la combinaison de l'Iode avec les corps simples, et en particulier de l'acide hydriodique.

PHOSPHORE ET IODE.

1 *phosphore*, 8 *iode*, donnent une combinaison d'un rouge orangé brun, fusible à 100°, volatile. Lorsqu'on la met dans l'eau il y a dégagement de gaz hydrogène phosphuré; formation d'acides phosphoreux

et hydriodique, et un dépôt de phosphore; l'eau reste incolore.

1 *phosphore*, 16 *iode*. Matière d'un gris noir, fusible à 29°. — Lorsqu'on la met dans l'eau il ne se dégage pas de gaz hydrogène phosphuré, il se produit des acides phosphoreux et hydriodique; l'eau ne se colore point.

1 *phosphore*, 24 *iode*. Matière noire, fusible en partie à 46°. — L'eau la dissout et se colore en brun; elle contient des acides phosphorique et phosphoreux, de l'iode et de l'acide hydriodique.

1 *phosphore*, 4 *iode*. Deux composés différens; l'un est analogue à la combinaison de 1 de phosphore et de 8 d'iode; l'autre, qui est rouge, paraît dépourvu d'iode, et analogue à ce qu'on appelle oxyde rouge de phosphore.

HYDROGÈNE ET IODE.

C'est avec l'iodure de phosphore, contenant au plus un neuvième de phosphore, qu'on prépare le gaz hydriodique. On met l'iodure dans une petite cornue, on l'arrose avec un peu d'eau, le gaz se dégage, on le reçoit dans des cloches alongées pleines d'air, qui sont arrangées comme les flacons d'un appareil de Woulf. On ne peut le recueillir sur le mercure, parce que ce métal le décompose : il se forme de l'iodure de mercure, et il reste du gaz hydrogène pur, dont le volume est la moitié de celui du gaz qui a été décomposé. Le zinc et le potassium se comportent comme le mercure.

Le gaz hydriodique a l'odeur du gaz hydrochlorique, et une saveur acide.

Il a une pesanteur spécifique de 4,443 (1).

Il est en partie décomposé par la chaleur rouge. La décomposition est complète s'il est mêlé avec l'oxygène; il en résulte de l'iode et de l'eau. L'iode n'a qu'une très-légère action sur la vapeur d'eau; il en décompose une portion, et produit des acides iodique et hydriodique, qui restent en dissolution dans l'eau décomposée; l'iode doit donc être placé entre le chlore et le soufre, par la manière dont il agit sur l'eau.

Le gaz hydriodique est très-soluble dans l'eau; il peut la rendre fumante. La dissolution non fumante a une densité de 1,7; elle bout à 128°. On peut préparer l'acide hydriodique liquide en recevant le gaz hydrosulfurique dans de l'eau où l'on a mis de l'iode; celui-ci enlève l'hydrogène au soufre. L'acide hydriodique liquide se colore par le contact de l'air, une portion de son hydrogène s'unit au gaz oxygène, et l'iode déshydrogéné reste en dissolution dans l'acide qui n'a pas été décomposé.

---

(1) Par le calcul , M. Gay-Lussac a trouvé 4,4288.

L'acide sulfurique, l'acide nitrique et le chlore enlèvent l'hydrogène à l'acide hydriodique ; il se produit de l'eau, et l'iode est séparé. L'acide sulfureux et l'acide hydrosulfurique ne l'altèrent point.

L'acide hydriodique, traité par le peroxyde de manganèse et en général par les oxydes qui donnent du chlore avec l'acide hydrochlorique, donne de l'iode et de l'hydriodate, ou de l'iode et un iodure.

Il donne un précipité orangé avec les dissolutions de plomb, un précipité rouge avec les dissolutions de peroxyde de mercure, un précipité blanc, insoluble dans l'ammoniaque, avec le nitrate d'argent.

Les hydriodates ont le plus grand rapport avec les hydrosulfates et les hydrochlorates.

Iode et gaz hydrogène. A froid il n'y a pas d'action, à la chaleur rouge la combinaison s'opère.

100 p. d'iode absorbent 0,849 d'hydrogène.

Iode et charbon. Ils n'ont d'action mutuelle à aucune température.

Iode et soufre. Combinaison d'un gris noir, rayonnée ; l'iode s'en dégage quand on la distille avec l'eau.

Azote et Iode. Ces corps, à l'état libre, ne se combinent point ensemble, mais il n'en est pas de même lorsqu'on met l'iodure d'ammoniaque (1) en contact avec l'eau ; une portion d'alcali se décompose, son hydrogène forme de l'hydriodate d'ammoniaque en s'unissant à une portion d'iode et à l'alcali non décomposé, et son azote s'unit à l'autre portion d'iode ; le sel ammoniac reste en dissolution, et l'iodure d'azote se dépose. On obtient le même résultat en mettant de l'iode en poudre dans de l'ammoniaque liquide.

L'iodure d'azote est pulvérulent et d'un brun noir ; il détone par la chaleur et le plus léger choc, en dégageant une lumière violette. L'hydriodate d'ammoniaque et l'eau le décomposent par l'affinité qu'ils exercent sur l'iode.

L'iodure d'azote a été découvert par M. Courtois. M. Gay-Lussac a trouvé que le poids de l'azote est à celui de l'iode dans le rapport de 5,8544 à 156,21, ce qui donne en volume le rapport de 1 à 3.

Lorsque 4 volumes de gaz ammoniac dissous dans l'eau réagissent sur l'iode, il y en a 1 de décomposé ; il donne naissance 1.° à 1,5 volume d'hydrogène qui s'unit à 1,5 volume d'iode ; d'où résultent 3 volumes de gaz hydriodique, qui neutralisent précisément les 3 volumes de gaz ammoniac non décomposés ; 2.° à 0,5 d'azote qui s'unit à 1,5 d'iode.

---

(1) On obtient l'iodure d'ammoniaque en recevant du gaz ammoniac sec dans une cloche où l'on a mis de l'iode. Sur-le-champ les corps donnent naissance à un liquide visqueux très-éclatant, d'un brun noir. Ce liquide n'est point fulminant. (Colin.)

1814.

La force avec laquelle l'iodure d'azote détone tient sur-tout à la rapidité avec laquelle il se décompose, car 1 gramme de combinaison, à la température 0 et à la pression de 0,^{m}76, ne produit que 0$^{litr.}$,1152 de fluides aériformes.

M. Gay-Lussac est porté à croire que la détonation des matières fulminantes qui se décomposent en corps simples tient à ce que ces corps venant à se séparer instantanément, à cause de la faible affinité qui les réunit, frappent l'air ou tout autre fluide avec assez de force pour en faire jaillir de la chaleur et de la lumière.

L'iode s'unit, à une température peu élevée, avec le potassium, le zinc, le fer, l'étain, l'antimoine et le mercure. Pendant que la combinaison se fait, il se dégage peu de chaleur, et rarement de la lumière.

Zinc et iode. La combinaison de ces corps est incolore ; elle est fusible et volatile, elle se condense en cristaux quadrangulaires, et elle est déliquescente, sa solution aqueuse ne cristallise pas ; les alcalis en précipitent de l'oxyde de zinc, et l'acide sulfurique concentré en dégage de l'acide hydriodique et de l'iode, parce qu'il se produit de l'acide sulfureux. On peut considérer l'iodure de zinc dissous dans l'eau comme un hydriodate ou comme un iodure. On obtient une dissolution semblable en traitant l'oxyde de zinc par l'acide hydriodique.

L'iode, en réagissant sur le zinc en excès au milieu de l'eau légèrement chaude, ne donne lieu à aucun gaz ; on obtient une liqueur transparente et incolore. En admettant que la combinaison soit à l'état d'iodure, on trouve que 100 d'iode se combinent à 26,225 de zinc. D'après ce résultat et la composition de l'oxyde de zinc et de l'eau M. Gay-Lussac établit que le rapport de l'oxygène à l'iode est de 10 à 156,21, celui de l'hydrogène de 1,3268 à 156,21.

Fer et iode. Cet iodure est brun, fusible à la température rouge. Il colore l'eau en vert.

Potassium et iode. La lumière qui se dégage pendant la combinaison paraît violette à travers la vapeur de l'iode. Cet iodure prend un aspect nacré en se refroidissant ; sa solution aqueuse est neutre ; il est volatil à la température rouge.

Étain et iode. L'iodure d'étain est jaune orangé, très-fusible. Mis dans une quantité d'eau suffisante, il donne de l'oxyde d'étain qui se dépose en flocons, et de l'acide hydriodique qui se dissout.

Antimoine et iode. Cette combinaison présente à peu près les mêmes phénomènes que la précédente.

Mercure et iode. Ces corps se combinent en deux proportions : la combinaison au *minimum* d'iode est jaune, l'autre est rouge. Celle-ci contient une quantité d'iode double de la première.

Les iodures de plomb, de cuivre, de bismuth et d'argent, ainsi que ceux de mercure, sont insolubles dans l'eau; ceux des métaux très-oxydables, au contraire, y sont solubles. Ce résultat peut faire croire que ceux qui sont dans ce dernier cas passent à l'état d'hydriodate quand ils sont en contact avec l'eau.

Les acides nitrique et sulfurique concentrés décomposent tous les iodures, ils oxydent le métal, et l'iode est dégagé.

Le gaz oxygène, à une température rouge, les décompose tous, à l'exception des iodures de potassium, de sodium, de plomb et de bismuth.

Le chlore chasse l'iode de tous les iodures.

L'iode décompose le plus grand nombre des phosphures et sulfures.

La composition des iodures est très-facile à déterminer d'après celle de l'iodure de zinc, par la raison que les quantités d'iode qui se combinent à un métal sont proportionnelles à la quantité d'oxygène que celui-ci absorbe; ainsi 100 parties d'iode se combinent à 26,225 de zinc, qui absorbent 6,402 d'oxygène. Qu'on cherche maintenant la quantité d'un métal quelconque auquel cet oxygène peut s'unir, et l'on aura la quantité de ce métal qui s'unit à 100 d'iode.

Un métal peut former autant d'iodures qu'il est susceptible de degrés d'oxydation.

Substances oxydées qui agissent sur l'iode à la manière des combustibles.

Le gaz sulfureux n'a point d'action sur l'iode, mais quand ces corps ont le contact de l'eau, il se produit de l'acide sulfurique et de l'acide hydriodique, au moyen d'une portion d'eau qui est décomposée; mais ce résultat n'a lieu qu'à une température basse, car à 128° il se reproduit de l'eau et de l'acide sulfureux.

Les sulfites, les sulfites sulfurés, l'oxyde blanc d'arsenic, et l'hydrochlorate d'étain protoxydé, déterminent pareillement, avec le concours de l'iode, la décomposition de l'eau.

Plusieurs substances organiques hydrogénées cèdent leur hydrogène à l'iode, ainsi que MM. Colin et Gaultier de Claubry l'ont observé.

ACTION DE L'IODE SUR LES OXYDES.

A. ACTION DE L'IODE SUR LES OXYDES SECS.

L'iode qu'on fait passer sur les oxydes de potassium, de sodium, de bismuth et de plomb, chauffés au rouge obscur dans un tube de verre, en dégage l'oxygène, et forme un iodure avec le métal. Tout l'oxygène des oxydes est dégagé, car si l'on fait l'expérience avec les sous-carbonates de potasse ou de soude, on obtient 1 volume d'oxygène et 2 d'acide carbonique : or c'est le rapport dans lequel ces corps se trouvent dans les sous-carbonates.

L'iode ne décompose pas le sulfate de potasse ; mais quand il est en contact à chaud avec le fluate alcalin de potasse, il réduit l'excès d'alcali en iodure métallique, on obtient de l'oxygène, et le tube de verre dans lequel on a fait l'opération se trouve corrodé. Il est probable que c'est l'action de la chaleur qui décompose le fluate à mesure que l'iode dégage l'oxygène de la portion d'alcali qui est en excès.

Il n'a point d'action sur les peroxydes d'étain et de cuivre, mais il convertit à chaud les protoxydes de ces métaux en iodures métalliques et en peroxydes, sans qu'il y ait dégagement d'oxygène.

Il s'unit à la baryte, à la strontiane et à la chaux sans les ramener à l'état métallique. Les composés sont des sous-iodures analogues aux sous-sulfures de ces bases.

Il n'a aucune action sur les oxydes de zinc et de fer.

Il faut conclure de ces faits,

1.° Que ce n'est pas tant la condensation de l'oxygène dans les oxydes métalliques qui s'oppose à leur réduction par l'iode, que la faible affinité de ce principe pour le métal ;

2.° Que l'iode est moins puissant que le chlore, car celui-ci chasse l'oxygène de la baryte, de la strontiane, de la chaux et de la magnésie, et même des sulfates de ces bases, suivant les dernières observations de M. Gay-Lussac ;

3.° Que l'iode est plus puissant que le soufre, car ce combustible ne désoxyde ni la potasse ni la soude ; et s'il réduit un plus grand nombre d'oxydes métalliques que l'iode, cela ne tient pas tant à son affinité pour le métal qu'à celle qu'il exerce sur l'oxygène pour former un acide gazeux ;

4.° Que l'iode se rapproche du soufre par son peu d'affinité pour les oxydes ; car, à l'exception de la baryte, de la strontiane et de la chaux, il ne peut rester uni avec aucun autre oxyde à une température rouge.

B. ACTION DE L'IODE SUR LES OXYDES HUMIDES.

1.° *Sur les Oxydes alcalins.*

Quand on verse une solution concentrée de potasse sur l'iode, cette substance se dissout avec rapidité, et la liqueur dépose une matière blanche sablonneuse qui est formée de potasse et d'acide iodique, et l'eau retient de l'hydriodate de potasse ou de l'iodure de potassium en dissolution. Il y a deux manières d'expliquer ces résultats. Dans la première, que nous adopterons, on admet que les deux élémens d'une portion d'eau qui se décompose forment de l'acide iodique et de l'acide hydriodique; dans la seconde, que l'acide iodique se forme aux dépens d'une portion de potasse, et que le potassium réduit forme un iodure avec l'iode qui n'est pas acidifié.

Quand l'alcali domine, la liqueur est d'un jaune orangé; quand c'est l'iode, elle est d'un rouge brun très-foncé, parce qu'il y a beaucoup d'iode de dissous dans l'hydriodate, et malgré cela la liqueur est alcaline. Il paraît que la solution saturée d'iode, contient une quantité de cette substance, à l'état de dissolution, égale à celle qui a été acidifiée par les deux élémens de l'eau.

La soude se comporte comme la potasse; il en est de même de la baryte, de la strontiane et de la chaux. Les iodates de ces bases étant moins solubles que ceux de potasse et de soude, il est plus facile de les obtenir à l'état de pureté. On peut cependant obtenir les iodates de potasse et de soude à l'état de pureté par le procédé suivant; on verse sur une quantité déterminée d'iode assez de solution de soude ou de potasse pour avoir une liqueur presque incolore; on évapore la liqueur à siccité; on traite le résidu par l'alcool à 0,82 de densité. L'iodate n'est pas dissous. On le lave plusieurs fois avec de nouvel alcool; on rassemble toutes les liqueurs alcooliques, on les distille, on obtient un hydriodate alcalin qu'on neutralise par l'acide hydriodique. Quand à l'iodate, on le fait dissoudre dans l'eau, on neutralise un excès d'alcali qu'il contient par l'acide acétique, on fait évaporer à siccité, et, au moyen de l'alcool, on sépare l'acétate de l'iodate neutre.

2.° *Sur les Oxydes dans lesquels l'Oxygène est condensé, mais moins que dans les précédens.*

Il paraît que les oxydes qui ne neutralisent pas complètement les acides, comme ceux de zinc, de fer, etc., n'exercent pas d'affinités assez puissantes sur les acides de l'iode pour déterminer la formation de ces derniers lorsqu'on les met dans l'eau avec l'iode.

3.° *Sur les Oxydes dans lesquels l'Oxygène est peu concentré.*

Quand le peroxyde de mercure est exposé à une température de 60 à 100°, avec de l'eau et de l'iode, il y en a une portion qui est réduite à l'état métallique et qui forme du sous-iodure rouge, tandis que l'autre portion s'unit avec l'acide iodique qui s'est formé, et produit du sur-iodate de mercure qui est dissous par l'eau, et du sous-iodate qui reste mêlé avec l'iodure.

L'oxyde d'or traité de la même manière donne de l'iodate acide d'or
et du métal réduit.

Ces faits ont été observés par M. Colin.

De l'Acide iodique.

Cet acide n'ayant pu être produit jusqu'ici que par le concours des
bases, il s'ensuit qu'on ne peut l'obtenir à l'état libre qu'en le séparant
de ses combinaisons salines. Le procédé que M. Gay-Lussac met en
pratique consiste à traiter à chaud l'iodate de baryte par l'acide sulfurique étendu de deux fois son poids d'eau. Mais quoiqu'on n'emploie
qu'une quantité d'acide insuffisante pour neutraliser toute la baryte,
on obtient toujours l'acide iodique mêlé d'acide sulfurique, parce que,
probablement, dès qu'il y a une certaine proportion d'acide iodique de
séparée, celle qui reste fixée à la base surmonte l'affinité de l'acide
sulfurique.

Il paraît que l'acide iodique ne peut exister qu'autant qu'il est combiné avec une base ou avec l'eau; au moins n'a-t-il pu être obtenu que
dans l'un ou l'autre de ces états.

Il a une saveur aigre, une consistance sirupeuse quand il est concentré; la lumière ne le décompose pas; une chaleur de 200° le réduit
en iode et en oxygène.

Les acides sulfurique et nitrique ne le décomposent pas.

L'acide sulfureux et l'acide hydrosulfurique en séparent l'iode.

L'acide hydriodique le décompose, il se produit de l'eau et de
l'iode.

L'acide hydrochlorique concentré le décompose, il se forme de l'eau
et il se dégage du chlore.

Il donne, avec le nitrate d'argent, un précipité blanc qui est très-
soluble dans l'ammoniaque.

Il reproduit tous les iodates en se combinant avec les bases.

L'acide iodique est formé de

  Iode . . . 100.
  Oxygène. . 31,927.

Cette quantité est le multiple par 5 de la première quantité d'oxygène
qui peut s'unir avec l'iode.

Combinaison de l'Iode avec le Chlore.

L'iode sec absorbe rapidement le chlore en dégageant une chaleur
de 100°. Quoiqu'on fasse passer une grande quantité de chlore sur
l'iode, on obtient deux combinaisons : un chlorure, qui est jaune, et
un sous-chlorure, qui est rouge.

Les deux chlorures sont déliquescens et acides, la solution du chlorure est incolore, celle du sous-chlorure est d'un jaune d'autant plus orangé que la liqueur contient plus d'iode ; toutes les deux décolorent la dissolution sulfurique d'indigo. On peut envisager la nature de ces dissolutions de plusieurs manières ; mais M. Gay-Lussac est porté à croire que celle de chlorure est formée d'acide iodique et d'acide hydrochlorique, et que la seconde contient de plus de l'iode. Dans cette supposition on admet que les chlorures décomposent l'eau.

La dissolution de chlorure saturée par un alcali se change complètement en iodate et hydrochlorate ; la lumière et la chaleur en dégagent du chlore et la convertissent en sous-chlorure ; elle dissout de l'iode et devient sous-chlorure.

La solution de sous-chlorure n'est décomposée ni par la lumière ni par la chaleur ; quand on y met un peu d'alcali, on en précipite de l'iode ; si l'on y en ajoute un excès, on obtient de l'iodate, de l'hydriodate et de l'hydrochlorate. En sursaturant de chlore le sous-chlorure, et en exposant le mélange dans un flacon où l'on renouvelle l'air pour en dégager l'excès du chlore, on obtient une dissolution de chlorure.

L'hydrochlorate de potasse ou de baryte versé dans la solution des chlorures donne de l'iodate et de l'acide hydrochlorique.

DES HYDRIODATES.

Préparation. Ils peuvent être produits en général par la combinaison directe de l'acide hydriodique avec les bases. Ceux de potasse, de soude, de baryte, de strontiane, de chaux, peuvent l'être, ainsi que nous l'avons dit, en faisant réagir les bases et l'iode sur l'eau. Les hydriodates de zinc, de fer et des métaux qui décomposent l'eau peuvent se faire en mettant dans ce liquide les iodures qu'ils ont formés.

Propriétés génériques. Le chlore, l'acide nitrique et l'acide sulfurique concentrés, en séparent l'iode.

Les acides sulfureux, hydrochlorique et hydrosulfurique, ne les décomposent pas à la température ordinaire.

Ils donnent, avec la dissolution d'argent, un précipité blanc insoluble dans l'ammoniaque ; avec le nitrate protoxydé de mercure, un précipité jaune verdâtre ; avec le sublimé corrosif, un précipité rouge orangé, très-soluble dans un excès d'hydriodate ; enfin, avec le nitrate de plomb, un précipité d'un jaune orangé. Tous ces précipités sont des iodures.

L'acide borique liquide ne décompose pas les hydriodates ; l'acide hydrochlorique liquide ne les altère pas non plus ; mais, à l'état gazeux, il décompose les iodures ; son hydrogène se combine à l'iode et forme du gaz hydriodique, et le chlore s'unit avec le métal.

Hydriodate de Potasse.

La solution de ce sel donne des cristaux d'iodure de potassium, parce que l'hydrogène et l'oxygène, qu'on peut supposer unis à l'iode et au potassium, se réunissent pour former de l'eau.

L'iodure cristallisé se fond et se volatilise à la température rouge.

100 parties d'eau en dissolvent 143 d'iodure de potassium. On peut concevoir qu'il se reproduit alors de l'hydriodate.

L'iodure de potassium est formé :   L'hydriodate de potasse :

Iode. . . . . 100.		Acide hydriodique. . 100.	
Potassium. . . 31,342.		Potasse. . . . . . 37,426.	

Hydriodate de Soude.

Il cristallise en prismes rhomboïdaux applatis assez volumineux, qui sont très-déliquescens, quoiqu'ils contiennent beaucoup d'eau. Par la dessication ils se changent en iodure de sodium.

100 parties d'eau à 14° en dissolvent 173 d'iodure de sodium.

Iodure de sodium.		Hydriodate de soude.	
Iode. . . . . 100.		Acide hydriodique. . 100.	
Sodium. . . . 18,536.		Soude. . . . . . 24,728.	

Les hydriodates de potasse et de soude sont les seuls qui ne soient pas décomposés par la calcination à l'air.

Hydriodate de Baryte.

Il cristallise en prismes très-fins.

Exposé à l'air pendant un mois, il s'est altéré ; l'oxygène de l'air a formé de l'eau avec une portion d'hydrogène, et l'iode mis à nu a été dissous par de l'hydriodate non altéré. Il s'est produit en même tems du carbonate de baryte.

Chauffé sans le contact de l'air, il se réduit en eau et en iodure de baryum. Si l'on dirige sur cet iodure un courant de gaz oxygène ou d'air atmosphérique, le baryum se convertit en baryte, une portion d'iode se dégage, et l'autre reste fixée à la baryte.

L'iode ne réduit pas la baryte, ainsi que nous l'avons dit ; mais l'acide hydriodique qu'on fait passer sur cette base donne de l'eau et un iodure de baryum. Cette décomposition a lieu avec un dégagement de lumière.

Iodure de baryte.		Hydriodate de baryte.	
Iode. . . . . . 100.		Acide hydriodique. . 100.	
Baryum. . . . . 54,735.		Baryte. . . . . . 60,622.	

Hydriodates de Strontiane et de Chaux.

Ils sont très-solubles dans l'eau. Le dernier est très-déliquescent. Par l'action de la chaleur ils se réduisent en iodures métalliques qui ont des propriétés analogues au précédent.

Hydriodate d'Ammoniaque.

Il se compose de volumes égaux de gaz ammoniac et de gaz hydriodique ; il est volatil et déliquescent ; il cristallise en cubes. Quand on le chauffe, il y en a une petite portion qui se décompose.

Hydriodate de Magnésie.

Il est déliquescent. Chauffé sans le contact de l'air, il laisse dégager son acide, et il reste de la magnésie pure.

Lorsqu'on fait chauffer dans de l'eau de l'iode et de la magnésie, on obtient 1.° un précipité rouge puce qui est de l'iodure de magnésie ; 2.° une dissolution légère d'hydriodate et d'iodate de magnésie. En faisant concentrer cette liqueur, les deux acides se décomposent, par la raison que la magnésie ne les sature point assez fortement pour empêcher l'oxygène de l'un de se porter sur l'hydrogène de l'autre ; il se forme de l'eau et des flocons puces d'iodure de magnésie.

Les iodates et hydriodates de potasse de soude et même de baryte ne se décomposent pas mutuellement, quel que soit leur état de concentration ; mais la décomposition a lieu pour ceux de strontiane et de chaux. Il est probable que c'est la faible affinité des oxydes de zinc et de fer pour les acides de l'iode qui s'oppose à ce qu'on obtienne des iodates et des hydriodates quand on fait réagir ces oxydes sur l'eau et l'iode.

Hydriodate de Zinc.

On le prépare en dissolvant l'iodure de zinc dans l'eau. M. Gay-Lussac n'a pu le faire cristalliser.

Exposé à la chaleur, il se réduit en un iodure qui est fusible et volatil. En se condensant il prend la forme de cristaux prismatiques.

Cet iodure est décomposé à chaud par l'oxygène.

L'iodure est formé :

		Hydriodate.	
Iode.	100	Acide hydriodique. .	100.
Zinc.	26,225.	Oxyde de zinc. . .	32,352.

Les hydriodates de manganèse, de nickel, et de cobalt paraissent

solubles, car l'hydriodate de potasse ou de soude versé dans la dissolu‑
tion de ces métaux n'y fait point de précipité.

Il paraît, au contraire, que toutes les dissolutions des métaux qui ne
décomposent pas l'eau sont précipitées par l'hydriodate de soude, en
iodures, ou réduites à l'état métallique.

Le précipité de cuivre est d'un blanc gris ;
Celui de plomb, d'un beau jaune orangé ;
Celui de protoxyde de mercure est d'un jaune verdâtre ;
Celui de peroxyde de mercure, d'un rouge orangé ;
Celui d'argent est blanc ;
Et celui de bismuth, marron.

La différence d'affinité du chlore, de l'iode et du soufre pour l'hydro‑
gène peut faire concevoir la raison pour laquelle il y a plus de chlorures
solubles dans l'eau que d'iodures, et plus d'iodures que de sulfures. En
effet, ces composés doivent exercer sur l'eau une action d'autant plus
forte, toutes choses égales d'ailleurs, que l'hydrogène est plus fortement
attiré par l'un des corps du composé. Il n'est donc point étonnant 1.º
que parmi les sulfures il n'y ait que ceux formés de métaux très-
oxydables, comme le baryum, le potassium, etc., qui décomposent
l'eau et donnent naissance à un hydrosulfate ; 2.º que les iodures dont
les bases font des hydrosulfates forment aussi des hydriodates, et qu'il
en soit de même des iodures de fer, de zinc, et en général des métaux
qui décomposent l'eau ; 3.º que presque tous les chlorures soient dans le
cas de former des hydrochlorates en se dissolvant dans l'eau.

De ces rapprochemens il résulte évidemment que les composés dont
nous venons de parler sont d'autant plus propres à former des composés
solubles dans l'eau, qu'ils sont formés d'un métal plus combustible et
d'un radical doué d'une plus forte affinité pour l'hydrogène.

Hydriodates iodurés.

Tous les hydriodates, en dissolvant une quantité notable d'iode,
prennent une couleur d'un rouge brun ; mais ces composés ne peuvent
être comparés aux sulfites sulfurés , car ils perdent l'iode qu'ils
ont dissous lorsqu'on les expose à l'air ou à la température de 100º,
et la présence de l'iode n'apporte aucun changement sensible de com‑
position dans l'hydriodate.

Des Iodates.

On prépare les iodates alcalins par les procédés que nous avons indiqués plus haut; on peut obtenir les autres espèces par la combinaison de l'acide avec les bases, ou par la voie des doubles décompositions.

A la chaleur d'un rouge obscur, tous les iodates sont décomposés; le plus grand nombre donne du gaz oxygène et de l'iode, et quelques-uns du gaz oxygène seulement.

Tous sont insolubles dans l'alcool d'une densité de 0,82.

Quelques iodates fusent sur les charbons ardens; celui d'ammoniaque est fulminant.

Tous sont solubles dans l'acide hydrochlorique; il se dégage du chlore, il se forme de l'eau et du sous-chlorure d'iode.

L'acide sulfureux les décompose; il y a formation d'acide sulfurique et l'iode est mis à nu.

L'acide hydrosulfurique en sépare l'iode.

Les acides sulfurique, nitrique et phosphorique n'ont d'action sur les iodates qu'autant qu'ils s'emparent d'une portion de leur base.

Iodate de Potasse.

Il est en petits cristaux qui se groupent sous la forme cubique.

Il fuse sur les charbons à la manière du nitre; il est inaltérable à l'air. 100 parties d'eau à 14,25 en dissolvent 7,43; il se réduit, à une chaleur rouge, en gaz oxygène et en iodure de potassium neutre.

L'iodate de potasse est formé :

Oxygène. 22,59
Iodure de potassium. . 77,41 ou $\begin{cases} \text{iode.} & . . . . 58,937 \\ \text{potassium.} & . 18,473 \end{cases}$

Or 18,473 de potassium prennent 3,773 d'oxygène pour se convertir en potasse, il en reste 18,817 pour la quantité qui sature 58,937 d'iode, d'où il suit que l'acide iodique est formé:

En poids de $\begin{cases} \text{iode.} & . . 100 \\ \text{oxygène.} & . 31,927 \end{cases}$ En volume de $\begin{cases} \text{iode.} & . . . 1 \\ \text{oxygène.} & . 2,5 \end{cases}$

D'après ce qui précède, il suit que, quand on dissout l'iode dans la potasse, il se forme pour 100 d'iodate de potasse 386,067 d'iodure de potassium (c'est-à-dire cinq fois plus que n'en donne l'iodate par sa décomposition), ou 407,381 d'hydriodate.

Iodate de Soude.

Il cristallise en petits prismes ou en petits grains qui paraissent cubiques ; il fuse sur les charbons, comme le nitre ; il est dépourvu d'eau de cristallisation ; 100 d'eau à 14,25 en dissolvent 7,3.

Il donne à la distillation 24,432 d'oxygène pour 100, et une très-petite quantité d'iode ; c'est pourquoi l'iodure restant donne une solution aqueuse un peu alcaline.

Il contient :

    Oxygène. 24,432
    Iodure de sodium. 75,568

Cet iodate, ainsi que le précédent, peut prendre un excès de base.

Les iodates de soude et de potasse détonent légèrement par la percussion quand ils sont mélangés avec le soufre.

L'iodate de potasse ne pourrait remplacer le nitre avec avantage dans la fabrication de la poudre, puisque la quantité de gaz qu'il donne relativement à celle de ce dernier est dans le rapport de 1 à 2,3.

Iodate d'Ammoniaque.

On obtient ce sel en saturant l'acide iodique par l'ammoniaque ; il cristallise en petits grains ; il détone par la chaleur, en répandant une faible lumière violette.

Il est formé :

En poids. $\begin{cases} \text{acide iodique.} & . \ 100 \\ \text{Ammoniaque.} & . \ 10,94 \end{cases}$ En volume $\begin{cases} \text{gaz ammoniaque} \ 2 \\ \text{vapeur d'iode.} \ . \ 1 \\ \text{oxygène.} \ . \ . \ . \ 2, \end{cases}$

En décomposant ce sel par la chaleur, on obtient de l'eau et volumes égaux d'oxygène et d'azote.

Iodate de Barite.

Il est en poudre blanche pesante ; il perd un peu d'eau de cristallisation avant de se décomposer par le feu ; il se réduit enfin en gaz oxygène, en vapeur d'iode et en hydrate de barite pur ; il ne fuse pas sur les charbons.

100 parties d'eau en dissolvent 0,16 à 100°.
et . . . . 0,03 à 18°

Il est composé de :

Acide. 100
Barite. 46,340

Iodate de Strontiane

Il paraît cristalliser en octaèdres ; il donne de l'eau de cristallisation avant de se décomposer par le feu, et se comporte de la même manière que le précédent.

100 parties d'eau en dissolvent . . . 0,73 à 100°.
et . . . . 0,34 à 15°.

Iodate de Chaux.

Il est pulvérulent; il peut cristalliser en prismes quadrangulaires
100 parties d'eau en dissolvent . . . . 0,98 à 100°.
et . . . . 0,22 à 18°.

On peut obtenir les autres iodates par la double décomposition.

L'iodate d'argent est blanc, insoluble dans l'eau, très-soluble dans l'ammoniaque, en quoi il diffère de l'hydriodate, qui ne s'y dissout pas; l'acide sulfureux, versé dans la solution ammoniacale, en précipite de l'iodure d'argent qui est insoluble dans l'ammoniaque.

L'iodate de zinc n'est que très-peu soluble dans l'eau; il fuse légèrement sur les charbons.

La dissolution de plomb, de nitrate de mercure protoxydé, de fer, peroxydé, de bismuth et de cuivre, mêlés avec l'iodate de potasse, donnent des précipités blancs, solubles dans les acides. Les dissolutions de mercure peroxydé et de manganèse ne sont pas précipitées.

Il n'existe pas d'iodates iodurés.

M. Gay-Lussac termine l'histoire des hydriodates et des iodates par examiner si les deux sels qu'on peut obtenir en faisant réagir l'eau de potasse sur l'iode sont produits dès que l'iode est dissous, ou s'ils ne se forment qu'au moment où une cause quelconque en détermine la séparation. Il adopte la première opinion, parce qu'en ajoutant un excès d'alcali à deux dissolutions neutres d'iodate et d'hydriodate de potasse, on obtient une liqueur semblable à celle qu'on obtient avec l'eau, l'iode et la potasse.

S'il n'y a pas de décomposition, quand on mêle deux dissolutions neutres d'iodate et d'hydriodate de potasse, quoique cependant les deux acides de l'iode, comme tous ceux produits simultanément par les deux élémens de l'eau, se détruisent lorsqu'on les mêle ensemble, cela tient à ce que l'affinité de la base pour les acides est suffisante pour surmonter celle de l'oxygène pour l'hydrogène; mais elle ne les surmonte que faiblement, car l'acide carbonique, qui ne décompose pas les iodates et les hydriodates séparément, mis dans le mélange des deux sels, décompose une petite portion de chaque sel, et les acides séparés se décomposent réciproquement, mais la décomposition n'est pas complète.

Ether hydriodique.

On mêle deux parties en volume d'alcool absolu, et une d'acide hydriodique d'une pesanteur de 1,700 de densité; on distille au bain-

(128)

marie ; on obtient un produit neutre, qui est l'éther hydriodique ; on le purifie en l'agitant avec l'eau ; il tombe au fond de ce liquide. Le résidu de la distillation contient de l'acide hydriodique et de l'eau.

L'éther hydriodique est neutre ; il est incolore ; il a une odeur éthérée particulière ; il se colore au bout de quelques jours, parce qu'il y a de l'iode qui est mis à nu ; la potasse et le mercure le décolorent sur-le-champ. Il a une densité de 1,9206 à la température de 22°,3. Il bout à 64°,5

Il n'est point inflammable ; le potassium s'y conserve très-bien ; la potasse ne l'altère pas, à moins que cela ne soit peut-être à la longue ; l'acide sulfurique le brunit promptement ; les acides nitrique, sulfureux et le chlore ne le décomposent pas.

Quand on le fait pssser dans un tube rouge, on obtient un gaz inflammable carburé, de l'acide hydriodique très-brun, un peu de charbon, et un produit très-remarquable que M. Gay-Lussac considère comme une espèce d'éther formé d'acide hydriodique et d'une matière végétale différente de l'alcool. Cet éther est moins odorant que l'éther hydriodique proprement dit ; il est insoluble dans la potasse et les acides ; il se fond dans l'eau bouillante, et par le refroidissement il se fige en une matière qui ressemble à la cire blanche, et se volatilise à une température plus élevée que l'éther hydriodique.

Conclusions générales.

1.° L'iode est un corps simple.

2.° On doit le placer entre le chlore et le soufre.

3.° Il paraît que plus un corps condense l'oxygène, et moins il condense l'hydrogène ; ainsi le carbone a plus d'affinité pour l'oxygène que le soufre, le soufre plus que l'iode, et l'iode plus que le chlore, tandis que c'est absolument l'inverse pour l'hydrogène.

4.° L'azote doit être rangé parmi les comburens, immédiatement après le soufre, parce que l'acide nitrique ressemble aux acides iodique et chlorique par la facilité avec laquelle il se décompose, et parce que l'azote prend, comme le chlore et l'iode, deux fois et demie son volume d'oxygène.

5.° Quelques iodates se rapprochent entièrement des chlorates, mais la plupart ont plus d'analogie avec les sulfates. Les iodures, les sulfures et les chlorures se comportent en général de la même manière avec l'eau ; et l'action du soufre, de l'iode et du chlore sur les oxydes, avec ou sans le concours de l'eau, est entièrement semblable.

C.

1814.

Mémoire sur les combinaisons de l'Iode avec les substances végétales et animales; par MM. Colin et H. Gaultier de Claubry.

1.º *Iode et substances organiques formées de carbone, d'hydrogène et d'une proportion d'oxygène plus grande que celle nécessaire pour convertir l'hydrogène en eau.*

Institut.
21 mars 1814.

A froid il n'y a pas d'action; à une température suffisante pour décomposer la matière organique, il se produit de l'acide hydriodique. Lorsqu'on fait bouillir le mélange dans l'eau, il se dégage de la vapeur d'iode; et si la matière organique est soluble, elle est dissoute sans éprouver d'altération.

2.º *Iode et substances organiques formées de carbone d'oxygène et d'une quantité d'hydrogène plus grande que celle nécessaire pour convertir l'oxygène en eau.*

Lorsque ces corps sont en contact, soit à la température ordinaire, soit à celle de 100°, il se forme de l'acide hydriodique qu'on peut en séparer au moyen de l'eau. Telle est l'action de l'iode sur le camphre, les huiles fixes et volatiles, l'alcool, l'éther et les graisses animales.

3.º *Iode et substances végétales formées de carbone, plus d'oxygène et d'hydrogène dans les proportions qui constituent l'eau.*

A froid il y a formation de composés plus ou moins colorés, dont l'eau bouillante ne dégage pas d'iode ou n'en dégage qu'une portion; à la température de 100°, il ne se produit pas d'acide hydriodique, mais il s'en forme à la température où la substance végétale peut se décomposer.

La combinaison la plus remarquable qu'on ait observée est celle d'iode et d'amidon. Ces corps s'unissent en deux proportions, la combinaison neutre est bleue; celle avec excès d'amidon est blanche, c'est un sous-iodure.

On fait la première en triturant de l'amidon sec avec un excès d'iode également sec Les matières deviennent noires; on les dissout dans la potasse, et on sature l'alcali par un acide végétal : le composé bleu d'amidon est précipité.

Le salep, l'empois, le mucilage de racine de guimauve, la fécule de la pomme de terre, se comportent comme l'amidon.

Le composé bleu est dissous par l'eau froide ; la dissolution est violette, elle devient bleue par un excès d'iode. Si l'on fait bouillir pendant un tems suffisant cette combinaison d'amidon et d'iode avec l'eau, elle perd de l'iode, se décolore, et la combinaison blanche est produite. La dissolution évaporée laisse un amidon un peu jaunâtre, qui repasse au bleu si l'on y ajoute l'iode qu'il a perdu.

L'acide nitrique, le chlore, l'acide sulfurique très-concentré, un courant de gaz hydrochlorique, font reparaître la couleur bleue de la dissolution qui a été décolorée par la chaleur, alors ils se combinent ou altèrent l'excès d'amidon.

L'acide sulfureux décompose la combinaison d'iode et d'amidon ; celui-ci se dépose, et il se produit de l'acide hydriodique et de l'acide sulfurique.

L'acide nitrique concentré la décompose en réagissant sur l'amidon.

L'hydrogène sulfuré la décompose ; il se précipite de l'amidon et du soufre, et il reste dans la liqueur de l'acide hydriodique.

La potasse, la soude dissolvent la combinaison bleue alcaline. Les auteurs du Mémoire considèrent la liqueur comme des dissolutions de sous-iodure d'amidon et d'iode dans la potasse.

L'alcool froid convertit la combinaison bleue en sous-iodure ; à une température voisine de l'ébullition, il sépare tout l'iode de l'amidon à l'état d'acide hydriodique. Un corps huileux ajouté à l'alcool accélère la décomposition. C.

<div style="text-align:center">~~~~~~~~~~~~~~~~~~</div>

Sur les organes de la fructification des Mousses ; par M. PALISSOT DE BEAUVOIS.

BOTANIQUE.

Institut.
Juin 1814.

SUIVANT M. de Beauvois :

1.° La poussière qu'Hedwig et ses sectateurs regardent comme des séminules dans les Mousses, ressemble d'abord à une pâte molle, de même que le pollen des anthères des phénogames (1).

2.° Cette pâte se change insensiblement en poussière.

3.° Les grains de cette poussière sont unis les uns aux autres par de petits filamens, et on y aperçoit plusieurs loges (ordinairement

---

(1) Il est très-vrai que dans les Mousses, aussi bien que dans les Lycopodiacées, la poussière qui passe, généralement, pour un amas de séminules, forme d'abord une masse pâteuse ; il est vrai aussi que les ovules des phénogames n'ont jamais offert ce caractère ; mais cela ne prouve point du tout que la poussière des Mousses et des Lycopodiacées ne puisse reproduire des Mousses et des Lycopodes.

trois) remplies d'une liqueur comparable à l'*aura seminalis* (1).

4.º Ces grains sont entremêlés d'autres grains opaques, ovoïdes, qu'il ne faut pas confondre avec de petits corps transparens de formes variables, que l'auteur soupçonne être sortis des grains de la poussière (2).

5.º La columelle d'Hedwig varie de forme dans les genres différens, et varie peu dans l'intérieur d'un même genre (3). Elle est surmontée d'une espèce de chapiteau, qui se prolonge jusque dans l'opercule et tombe avec lui. Jamais la poussière n'est attachée à ce corps central (4).

---

(1) La poussière des Lycopodiacées est composée, de même que celle des Mousses, d'un nombre infini de petits globules. Par l'effet de la maturité, chaque grain de la poussière des Lycopodiacées se partage en trois, quatre, cinq segmens de sphère. Cette séparation s'opère sous les yeux de l'observateur, qui, après avoir semé ces petits corpuscules sur l'eau, les examine à l'aide du microscope. Au moment où les segmens se désunissent, il semble que les grains éclatent. Voilà, je pense, ce qui a fait dire à M. R. Brown, que la poussière des Lycopodiacées éclatait sur l'eau comme le pollen. Cependant il y a une grande différence dans la manière dont se comporte la poussière séminale et celle des Lycopodiacées Chaque grain de pollen, formé d'un tissu cellulaire très-délicat, crève en un point quelconque, et la liqueur qu'il contient s'écoule par l'ouverture et s'étend sur l'eau comme une goutte d'huile. Quand la petite bourse est bien vidée, elle devient transparente, et quelquefois elle se déforme. La poussière des Lycopodiacées ne crève point ; elle se divise en un petit nombre de corpuscules opaques et anguleux ; et c'est dans cet état de division qu'on la trouve fréquemment dans les capsules arrivées à maturité. Ne pourrait-on pas soupçonner que les loges observées par M. de Beauvois, dans les grains de la poussière des Mousses indiqueraient une organisation analogue à celle des grains de la poussière des Lycopodiacées ? A la vérité, M. de Beauvois dit que les loges des grains des Mousses *paraissent remplies d'une humeur qu'on ne peut mieux comparer qu'à l'aura seminalis, observé par Néedham et plusieurs autres physiciens, dans la poussière des anthères des végétaux phanérogames ;* mais cette observation a été faite probablement avant l'entière maturité des grains, à une époque où toute leur substance approchait de l'état mucilagineux ; et pour ce qui est de la ressemblance de la liqueur avec l'*aura seminalis*, je n'en puis rien dire, car, quoique j'aie observé le pollen d'un grand nombre de végétaux, je n'ai jamais remarqué que l'*aura seminalis* différât sensiblement, avant son émission, de toute autre liqueur incolore et transparente. C'est en s'échappant comme un jet, et en s'étendant sur l'eau à la manière d'une goutte d'huile, que cette liqueur se caractérise. Elle est chargée souvent de petits grains moins transparens, qui quelquefois disparaissent après plusieurs secondes. J'ignore si la poussière des Mousses a offert à M. de Beauvois les mêmes phénomènes ; il ne s'explique pas à cet égard.

(2) Les grains opaques et les grains transparens mêlés à la poussière ne seraient-ils pas des séminules avortées ? Je soumets cette façon de voir au jugement de M. de Beauvois.

(3) Il en est souvent de même du placenta, que Linné désigne sous le nom de *columelle.* Voyez, par exemple, la famille des Primulacées.

(4 La poussière est attachée à de petits filamens, mais ces filamens, où sont-ils attachés ? Serait-ce à la paroi qui circonscrit la cavité de l'urne ? M. de Beauvois n'en

6.º Après la chute de l'opercule et du chapiteau, le corps central est percé à son sommet, sans doute, dit M. de Beauvois, pour faciliter la sortie des petits grains qu'il contient (1).

De tous ces faits l'auteur se croit en droit de conclure, 1.º que la poussière contenue dans l'urne des Mousses ne peut pas être la graine de ces plantes; 2.º que le petit corps central ne peut pas être une simple columelle, puisque la poussière n'y est jamais attachée, et que ce corps lui-même est rempli d'une autre poussière. (2)

Linné a dit, dans son *Philosophia botanica : Semina sunt aut nidulantia, aut suturæ adnexa, aut columellæ affixa, aut receptaculis insidentia ;* or, la poussière des Mousses n'a point ces caractères, et elle offre ceux de la poussière fécondante, donc on ne saurait la regarder comme un amas de séminules. Tel est en substance le raisonnement de M. de Beauvois.

Cet observateur déclare qu'il n'a jamais vu s'ouvrir les bourses membraneuses qu'Hedwig nomme des anthères; mais il ne nie pas qu'elles ne puissent s'ouvrir, il ne nie pas non plus qu'elles ne puissent lancer une *poussière*. Il pense seulement qu'on ne saurait conclure de ces faits que les bourses soient, dans les Mousses, les représentans des anthères des phénogames. Pourquoi ne serait-ce pas plutôt, dit-il, des capsules dont les graines sortent avec une espèce d'explosion au moment de leur maturité, comme cela arrive dans certaines plantes (3)? Il y a

---

dit rien. Comme il faut bien que ces filamens tiennent originairement à quelque chose, tant que les points de leur insertion seront inconnus, on ne pourra pas affirmer qu'ils n'ont jamais eu de liaison avec la columelle. Au reste ceci est peu important pour éclaircir le fond de la question.

(1) J'ai vu dans le *Bryum scoparium*, l'espèce de chapiteau que M. de Beauvois compare à un stigmate, et j'avoue que rien à mes yeux n'autorise cette comparaison; mais il y a des stigmates de tant de formes, que je ne serais pas surpris qu'il y en eût de semblables à ce chapiteau.

(2) L'intérieur de la columelle est formé d'un tissu cellulaire. Dans les loges de ce tissu, qu'Hedwig a pris mal à propos pour un réseau, on découvre souvent des grains extrêmement petits. Hedwig les a observés le premier. M. de Beauvois a confirmé l'observation d'Hedwig; mais il pense que ces grains sont des séminules, et que la columelle est un pistil. J'avoue que je ne partage pas ce sentiment. M. de Beauvois m'a montré ces petits grains, et ils m'ont paru tout à fait semblables aux corpuscules amilacées ou résineux qu'on trouve quelquefois dans le tissu cellulaire des phénogames. J'ajouterai qu'il n'y a aucun exemple, dans les phénogames, de pistil qui, arrivé à sa maturité, soit rempli de tissu cellulaire; et de graines qui, à aucune époque, soient logées dans les cellules mêmes de ce tissu. Cette disposition des germes reproducteurs ne se trouve guère que dans le Lycoperdon et autres Gasteromiques, plantes de l'ordre le plus inférieur; mais M. de Beauvois veut que la poussière de ces plantes soit un pollen, ainsi il éloigne la seule analogie qui pouvait fortifier son opinion.

(3) Hedwig voulant établir les rapports qui existent entre les parties mâles des phé-

deux organes qui paraissent destinés à la génération, l'urne et la petite bourse ; nécessairement, de ces deux organes, l'un est la partie mâle et l'autre la partie femelle (1). L'observation démontre que l'urne n'est pas la partie femelle ; elle est donc la partie mâle, et la bourse la partie femelle.

C'est au mois de juin qu'on a observé l'explosion des prétendues anthères du *Polytrichum commune;* mais à cette époque l'urne est mûre, sa poussière se disperse, et l'action des anthères deviendrait inutile (2). Nouvelle preuve que les bourses ne sont pas des anthères.

A la vérité, Hedwig déclare qu'il a vu germer la poussière du *Funaria hygrometrica ;* mais il y a de petits corps opaques mêlés à la poussière ; ces petits corps sont de vraies séminules, et ce sont eux qu'Hedwig a vus germer (3).

---

nogames et celles des Mousses, a eu tort de désigner les bourses membraneuses de ces dernières sous le nom d'*anthères*. L'anthère est un petit sac qui contient le pollen, et le pollen renferme la liqueur fécondante. Or, les bourses membraneuses des Mousses contiennent une liqueur et non pas une poussière, et ces bourses sont à nu ; par conséquent, si nous devons chercher les organes mâles dans ces corpuscules, nous y trouverons les analogues des grains du pollen. M. de Beauvois ne serait sans doute pas disposé à y voir des capsules remplies de semences, s'il avait observé leur explosion ; il pourrait bien encore nier que ce soit des grains de pollen, mais il conviendrait du moins que l'illusion est complète : c'est tout ce que je prétends prouver ; car je n'aperçois dans tout ceci qu'une suite d'hypothèses plus ou moins probables, et rien de plus.

(1) Sans doute, si le développement d'organes sexuels est une condition d'existence indispensable dans les Mousses, mais si les Mousses n'ont point de sexes, comme le veulent plusieurs habiles botanistes, le raisonnement de M. de Beauvois n'a plus de fondement. Je le répète, l'opinion que les cryptogames de Linné ont des parties mâles et femelles est purement hypothétique.

(2) De tous les argumens de M. de Beauvois contre le système d'Hedwig, celui-ci me paraît, sinon le plus fort, du moins le plus séduisant. Comment admettre, dit-il, que les bourses membraneuses du *Polytrichum* sont des organes mâles, quand nous voyons qu'elles ne sont en état de lancer leur liqueur que lorsque les séminules, arrivées à maturité, ne sauraient éprouver leur influence ?... Ce raisonnement n'est cependant que spécieux. Un organe quelconque peut manquer dans une espèce ; ou bien il peut exister et ne pas remplir les fonctions pour lesquelles il semble avoir été formé ; ou encore il peut exister et remplir ses fonctions. Si donc il était démontré que les bourses membraneuses du *Polytrichum* ont tous les caractères apparens du pollen, il deviendrait très-probable que ces bourses sont des organes mâles, quoiqu'elles soient inutiles à la fécondité des pistils ; or, la ressemblance des bourses membraneuses du *Polytrichum* avec le pollen n'est pas douteuse.

(3) Il est certainement plus aisé d'observer la germination d'une fève ou d'un gland que celle d'une séminule extraite de l'urne du *Funaria hygrometrica* ; mais les observations d'Hedwig ont été faites avec un soin et une patience admirables ; il a dessiné la germination de la séminule à différentes époques, et il nous montre cette petite graine encore attachée à la plantule qu'elle a produite. Il n'y a guère d'apparence

Une columelle sert de support au grain. Ecoutons Linné : *columella est pars connectens parietes internos cum seminibus. Semina columellæ affixa.* Mais la poussière de l'urne n'est point attachée au corps central qu'Hedwig a nommé columelle ; et ce corps a toutes les apparences d'un ovaire surmonté de son stigmate ; d'ailleurs, il contient de petits grains. Hedwig lui-même les a vus, et les a représentés fixés aux lignes d'un réseau intérieur ; ne parait-il donc pas évident que cette prétendue columelle est le véritable organe femelle des Mousses (1) ?

B. M.

L'Attraction des Montagnes et ses effets sur les fils aplomb ou sur les niveaux des instrumens d'astronomie, constatés et déterminés par des observations astronomiques et géodésiques faites en 1810, à l'ermitage de Notre-Dame-des-Anges, sur le Mont de Mimet, et au fanal de l'île de Planier, près de Marseille, etc. ; par le baron DE ZACH. (2 vol. in-8°, imprimés à Avignon en 1814.)

Ouvrage nouveau. La première tentative qu'on ait faite pour évaluer la déviation qu'une montagne peut occasionner dans la direction du fil aplomb date de 1738, c'est-à-dire de l'époque où nos académiciens mesuraient le degré du Pérou ; le voisinage du Chimborazo semblait singulièrement propre à ce genre de recherche. Bouguer avait trouvé, par un calcul approximatif, et en supposant la montagne entièrement solide, que l'effet surpassserait 1'30" ; mais malheureusement les observations donnèrent un nombre beaucoup plus petit, puisque la double déviation fut seulement de 15" ; du reste, si, vu la petitesse du quart de cercle dont on se servait et les discordances des mesures partielles, on peut à peine conclure de ce travail que la montagne avait exercé une action sensible sur le fil aplomb, à plus forte raison n'est-il pas permis de compter sur l'évaluation numérique de l'effet.

M. Maskelyne ayant entrepris, en 1773, une semblable opération sur la montagne Schehallien en Ecosse, trouva, à l'aide d'un excellent

---

qu'il ait confondu deux espèces de grains qu'il connaissait fort bien, et qui ont, d'après M. de Beauvois lui-même, des caractères très-distincts.

(1) Je ne prétends point que le système d'Hedwig ne doive laisser aucun doute, mais je crois que, jusqu'à présent, c'est encore le seul qui offre quelques probabilités. Les objections de M. de Beauvois, toutes puissantes qu'elles sont, ne le renversent pas.

secteur de dix pieds, que la déviation s'était élevée à 5",8. Depuis cette époque les astronomes ont fait jouer un grand rôle aux attractions locales, et ont expliqué par là des discordances que, très-souvent, il eût été peut-être plus naturel d'attribuer à de simples erreurs d'observation ; c'est ainsi, par exemple, que le père Liesganig rejetait sur l'attraction des montagnes de Styrie les fautes grossières qu'il avait commises dans toutes les parties de son opération ; M. Zach a démontré récemment qu'il s'était glissé de graves erreurs dans la mesure du degré du Piémont : jusqu'alors l'action du mont Rosa avait tout expliqué. On voit par ce peu d'exemples que la question que M. Zach a traitée dans son ouvrage, se lie aux recherches les plus délicates de l'astronomie, et qu'elle mérite toute l'attention des savans.

Au sud-ouest de Marseille, et à 16 mille mètres du continent, se trouve une petite île qu'on appelle *Planier*, et qui n'est qu'un large rocher isolé et à fleur d'eau ; au nord de la même ville, et à une distance de 15 ou 16 mille mètres, existe une montagne calcaire qui a environ 800 mètres d'élévation au-dessus de la mer, et qu'on appelle dans le pays la *montagne de Mimet*. Les ruines d'un ancien couvent (Notre-Dame-des-Anges) situé à mi-côte ont servi d'observatoire. A cette station le mont de Mimet pouvait exercer une action sensible sur le fil aplomb, tandis qu'à Planier on n'avait à craindre aucune attraction locale ; pour découvrir celle du mont Mimet, il devait donc suffire de prendre astronomiquement la différence de latitude entre Notre-Dame-des-Anges et Planier, et de la comparer à cette même différence déterminée géodésiquement. Tel est en effet le système d'opérations que M. de Zach a exécuté.

La première section de son livre renferme les observations astronomiques faites à Notre-Dame-des-Anges.

La latitude a été mesurée avec un cercle répétiteur de M. Reichenbach, de 12 pouces de diamètre, et à niveau mobile ; on s'est servi exclusivement des trois étoiles méridionales α du serpentaire, ξ et α de l'aigle. L'auteur rapporte avec tous les détails nécessaires les observations brutes et les divers élémens dont il s'est servi dans le calcul ; ainsi un premier tableau nous donne, pour chacun des trois chronomètres qu'il employait, les tems des midis et des minuits vrais conclus par des hauteurs correspondantes ; un second tableau renferme les élémens tirés des tables solaires dont on a besoin pour calculer la marche de ces chronomètres (1) ; un troisième présente enfin leurs équations et leurs mouvemens diurnes pour tout le tems que les observations ont duré.

____

(1) Je n'ai pas besoin de dire que ces élémens sont tirés des tables que M. de Zach a publiées à Gotha en 1804 ; mais comme elles diffèrent extrêmement peu de celles que

Toutes les parties de ce travail sont présentées avec les mêmes développemens, en sorte que le lecteur pourrait suivre les calculs à vue ou
les recommencer avec de nouveaux élémens. M. de Zach a fait dix séries
de distances au zénith de α du serpentaire composées de 30 répétitions
chacune, ce qui donne en tout 300 observations. Les discordances
extrêmes entre les résultats partiels de chaque série s'élèvent seulement
à 3",45. Pour ξ de l'aigle, ces différences montent à 4",4, et pour α de
l'aigle à 4". On voit que ces mesures confirmeront la réputation d'excellent observateur que M. de Zach s'était déjà acquise par beaucoup
d'autres travaux.

Le second article de la première section renferme les observations
qui ont servi à déterminer la différence de longitude entre Notre-Dame-
des-Anges et l'observatoire de Marseille. M. de Zach s'est servi pour
cela des signaux de feu qu'il allumait à des époques fixes à Notre-Dame-
des-Anges : tandis que M. Pons, qui est bien connu des astronomes par
le grand nombre de comètes qu'il a découvertes, les observait à Marseille.
Par une moyenne entre 63 déterminations, la différence de longitude
entre ces deux stations a été trouvée égale à 29",95 ; la plus-grande différence entre les résultats partiels est seulement de 1",95 ; par où l'on
voit que cette méthode, qui a été employée pour la première fois dans
une occasion semblable et presque dans le même lieu, par MM. Cassini
de Thury et Lacaille, est susceptible de beaucoup d'exactitude (1).

---

nous devons aux travaux de M. Delambre, les astronomes qui seraient tentés de refaire
les calculs que l'ouvrage renferme pourront, *sans inconvénient*, se servir des tables
françaises.

(1) M. de Zach a joint à ce chapitre quelques remarques historiques sur la détermination
des longitudes que les astronomes liront avec intérêt ; mais je n'oserais pas assurer qu'ils
partageront son opinion lorsqu'ils le verront assimiler les observations des éclipses des
satellites de Jupiter à celles des éclipses de lune. Voici les propres expressions de
M. de Zach : « L'ombre de la terre, projetée sur le disque de la lune et accompagnée de sa
« pénombre, laisse une si grande incertitude sur l'instant des phases, qu'on s'y trompe
« souvent de *plusieurs* minutes.

« Les éclipses des satellites de Jupiter *ne sont pas plus marquées*, etc. »

Il est vrai que, plus bas, il porte l'incertitude à 30 ou 40" ; mais ces limites mêmes
me semblent exagérées, du moins pour le premier satellite. Je n'ignore pas qu'on
trouve parfois de pareilles différences, même dans les observations de Greenwich ; mais
il est clair pour toute personne non prévenue, ou qu'il s'est glissé quelque erreur
dans ces observations, ou qu'elles ont été faites dans des circonstances défavorables :
or ce n'est pas, ce me semble, sur quelques exceptions qu'il faut se déterminer à
frapper de réprobation une méthode dont la géographie peut tirer de très-grands
avantages.

M. de Zach insiste aussi avec détail sur les diverses causes d'erreur qui peuvent se
rencontrer dans l'observation des occultations d'étoiles, mais il aurait pu ajouter que
ces causes ne sont pas constantes, et que la moyenne entre plusieurs résultats
partiels doit être peu éloignée de la vérité. Ne serait-ce pas seulement dans le but de

Pour orienter la chaîne de triangles qui devait joindre la station septentrionale à l'île de Planier, M. de Zach a fait au premier point une nombreuse série d'observations d'azimuth, qui sont rapportées dans le troisième chapitre du premier livre.

M. de Zach a apporté à la détermination de cet élément plus de soin que ne semblait en exiger l'usage qu'il devait en faire pour l'objet principal de son opération ; mais cette circonstance lui a fourni l'occasion de publier des remarques utiles sur les diverses méthodes dont on peut se servir pour observer un azimuth, et sur-tout sur l'emploi des théodolites répétiteurs de M. Reichenbach. La juste confiance que M. de Zach accorde aux instrumens de cet habile artiste, me semble cependant l'avoir conduit, dans ce cas, à une conclusion hasardée.

Cet astronome ayant mesuré l'azimuth de *Notre-Dame-de-la-Garde* de Marseille par deux séries d'observations, dont l'une était faite en visant au premier bord du soleil et l'autre au bord opposé, les a calculées en prenant le diamètre de cet astre dans les tables ; les résultats partiels, dans chaque série, s'accordent bien entre eux, mais les moyennes diffèrent de près de 13″. M. de Zach en conclut que le demi-diamètre du soleil, dans la lunette de son théodolite, surpasse de 6″,3 celui des tables qui a été déterminé avec des lunettes d'un plus long foyer ; mais s'était-il bien assuré d'avance que la manière de placer le fil de la lunette sur le bord du soleil ne pouvait pas l'induire en erreur ? L'opinion ancienne que l'irradiation est plus considérable dans les petites lunettes que dans les grandes, a beaucoup perdu de son crédit depuis la découverte des lunettes achromatiques. M. de Zach attribue la différence de 13″,6 dont il s'agit ici « *à la couronne lumineuse formée par l'aberration de lumière, qui, dans les petites lunettes moins parfaites, est toujours plus forte que dans les grandes.* » Si par le mot vague d'aberration il entend, comme je dois le croire, celle de réfrangibilité, j'observerai qu'à cause de la méthode qu'il a suivie dans ses mesures

---

fortifier ses objections que M. de Zach ajoute qu'on a été plus d'un siècle à déterminer à 5″ de tems la différence de longitude entre Paris et Greenwich. Cet astronome sait en effet mieux que personne qu'Halley supposait déjà cette différence de 9′ 20″ dans l'appendice des tables carolines ; que Du Séjour trouvait 9′ 20″ par l'éclipse de soleil de 1764 et par celle de 1769 ; qu'Oriani avait confirmé ce résultat par l'éclipse de 1778 ; que Maskelyne, avant la jonction en 1787, admettait également 9′ 20″, et que tous les astronomes, dans leurs calculs habituels, se servaient de cette même différence, que la jonction des deux observatoires a ensuite confirmée (Voyez la préface des premières tables du soleil, publiées en 1792, par M. de Zach lui-même, d'où j'extrais ces nombres). Tout ce qu'on peut déduire de ce que M. Lalande insérait encore une fausse longitude dans la connaissance des tems de 1789, c'est que cet astronome avait eu tort de changer, d'après une seule observation de Short (un passage de mercure sur le soleil, si je ne me trompe), la longitude *moyenne* qu'on avait trouvée précédemment.

d'azimuth, le bord du soleil a été toujours observé au centre de sa lunette; par conséquent les franges colorées qui peuvent provenir de l'imperfection de l'achromatisme ont dû être, dans cette position, beaucoup moins étendues que si on avait mesuré directement le soleil avec un micromètre, car, dans ce cas, les bords du disque auraient été très-près des limites du champ. J'ajouterai à ces doutes que M. Quénot avait trouvé, par une nombreuse suite d'observations faites avec un cercle répétiteur à réflexion, précisément le contraire de ce que M. de Zach annonce. Il est fâcheux que cet astronome, qui connaissait certainement le travail de M. Quénot, puisqu'il a été inséré dans la connaissance des tems de l'an 12, n'ait pas cru à propos de rechercher la cause de l'opposition frappante qui se trouve entre leurs résultats.

Les détails dans lesquels nous venons d'entrer nous permettront de passer légèrement sur les observations que renferme la seconde partie de l'ouvrage, et à l'aide desquelles M. de Zach a déterminé la latitude de Planier, sa longitude et un azimuth ; nous nous contenterons même de dire que là, comme à Notre-Dame-des-Anges, on a observé α du serpentaire, α et ξ de l'aigle avec le cercle répétiteur, et que la longitude a été prise avec des signaux de feu que M. Pons faisait, à des heures fixes, sur la terrasse de l'observatoire de Marseille.

La troisième partie est consacrée aux opérations géodésiques, c'est-à-dire aux détails de la mesure de la base et des angles des triangles qui joignent les deux stations extrêmes. La base avait 2304$^\mathrm{m}$,5528, longueur bien suffisante pour l'objet que M. de Zach se proposait.

Chacun des angles des triangles a été répété au moins dix fois avec un théodolite de Reichenbach ; sur les 7 triangles dont se compose la chaîne, l'erreur de la somme des trois angles a été une seule fois de 5″, quatre fois au-dessus de 3″, et deux fois nulle.

M. de Zach s'occupe, dans la quatrième partie, de la détermination de l'arc du méridien compris entre les parallèles de Notre-Dame-des-Anges et de l'île de Planier; il fait ses calculs d'après les formules que M. Delambre a publiées dans l'ouvrage intitulé : *Méthodes analytiques pour la détermination d'un arc du méridien,* etc., etc. Trois combinaisons différentes lui donnent exactement les mêmes résultats, tant pour la distance des deux stations que pour leur différence de longitude; l'auteur a pris pour aplatissement $\frac{1}{310}$; mais, vu la petitesse de l'arc qu'il s'agit de calculer, l'incertitude qui peut rester encore sur la véritable valeur de cet élément n'aura ici aucune influence sensible (1).

______

(1) M. de Zach remarque qu'il y a erreur de signe dans l'expression d'une quantité auxiliaire δ qui entre dans toutes les formules de M. Delambre; mais cette erreur est

Dans la cinquième partie, la dernière du premier volume, M. de Zach compare les calculs de la section précédente aux mesures astronomiques ; la triangulation lui avait appris que le parallèle de Notre-Dame-des-Anges est éloigné de celui de Planier de 12′ 3″,11 ; les observations astronomiques donnent pour cette même distance 12′ 1″,13. La différence de ces deux nombres ou 1″,98 est, d'après l'auteur, l'effet de l'attraction du Mont-Mimet. Quant à la différence de longitude, celle qu'on déduit des observations géodésiques est plus grande de 10″,67 que la différence déterminée astronomiquement.

Tels sont les résultats de l'opération de M. de Zach ; mais il restait à prouver que la petite différence de 1″,98 qu'il a trouvée entre les deux amplitudes ne peut pas être attribuée aux erreurs d'observation ; or c'est là en effet le but que l'auteur s'est proposé dans le chapitre suivant, dont voici le titre :

« Preuves de l'exactitude de nos opérations et de leur résultat, qui « constate que l'effet de l'attraction a été réellement observé, avec plu-« sieurs autres résultats qui ont été déduits de l'ensemble de nos obser-« vations. »

L'auteur examine d'abord toutes les causes d'incertitude qui peuvent affecter l'opération géodésique, et prouve, ce me semble, sans réplique, que les erreurs probables des azimuths n'ont pu altérer que de quantités insensibles la valeur de l'arc compris entre les deux stations extrèmes.

Quant aux observations astronomiques, nous allons successivement passer en revue les vérifications que M. de Zach s'est procurées, et qu'il croit propres à lever tous les doutes.

Chacune des trois étoiles observées à Notre-Dame-des-Anges et à Planier donne la même valeur pour l'amplitude de l'arc (1).

---

une simple faute typographique, comme M. de Zach aurait pu s'en convaincre, soit en consultant la base du système métrique, soit même simplement en jetant un coup d'œil dans l'ouvrage qu'il cite, sur l'expression analytique de la normale.

M. de Zach dit ailleurs qu'il y a un terme faux (tome 2, page 212 de la base du système métrique) dans la formule que M. Delambre a donnée pour réduire au méridien les distances au zénith qu'on observe hors de ce plan. Ceci, je l'avouerai, m'avait d'abord fait craindre qu'il ne se fût glissé de graves erreurs dans le calcul de la méridienne de France ; mais je me suis bientôt rassuré lorsque j'ai vu que, pour découvrir et rectifier la faute que M. de Zach relève, il suffisait de tourner le feuillet et de prendre à la page 213 le terme qui avait été imprimé incorrectement à la page 212.

(1) Ceci prouve que s'il y avait erreur dans le cercle, elle affectait également les observations de chacune des étoiles, et nullement que l'erreur a été la même à Planier et au Mont-Mimet. L'accord des trois résultats partiels est d'autant moins étonnant, que α du serpentaire, α et ξ de l'aigle ont des hauteurs peu inégales ; du reste l'amplitude que donne α du serpentaire diffère de 0″,46 de celle qu'on déduit des deux étoiles de l'aigle.

M. de Zach avait mesuré en 1808, en 1810 et en 1812, les latitudes de trois points des environs de Marseille, qui sont assez éloignés des montagnes pour qu'on puisse admettre que des attractions locales n'ont pas altéré la position du fil aplomb; or, comme ces latitudes s'accordent avec celle de Planier, l'auteur en conclut que, dans cette dernière station, son cercle n'était affecté d'aucune erreur (1).

---

(1) Je remarque d'abord qu'à Marseille les latitudes ont été prises avec la polaire, et que celle de Planier a été déduite des observations de α de l'aigle. Or les astronomes ne rejetteront-ils pas entièrement les conséquences qu'on peut tirer de cette vérification, lorsqu'ils remarqueront que la déclinaison que M. de Zach adopte pour α de l'aigle résulte uniquement de quatre séries d'observations faites à Milan en 1808, et que de plus elle diffère de 2″,5 soit de celle que M. Pond a trouvée récemment avec le bel instrument de Troughton, soit de celle qu'on a déduite de treize séries faites à Paris avec le grand cercle répétiteur de M. Reichenbach ?

M. de Zach paraît compter beaucoup sur la circonstance qu'il avait mis « *le plus court intervalle entre les observations faites à Notre-Dame-des-Anges et celles faites à Planier, afin qu'elles pussent être considérées comme simultanées.....* » Il ajoute plus bas: « *Si mon cercle donne quelque erreur pour des observations absolues, elle aurait été détruite et complètement éliminée en ne prenant que les différences de nos observations* (p. 36). » Ceci suppose que l'erreur qui peut se trouver dans un cercle est toujours la même, et c'est en effet là l'opinion que M. de Zach professe (*V.* p. 34); mais le contraire me paraît facile à démontrer, même à l'aide des propres observations de cet astronome.

En effet, dans le mois de juin 1808, M. de Zach trouvait, par la polaire, la latitude de Milan = 45° 28′ 11″,70, tout aussi bien avec son cercle qu'avec celui de M. Oriani. Or, à la même époque, le premier de ces instrumens donnait par arcturus 45° 28′ 1″,97, tandis qu'avec le second on trouvait 45° 28′ 4″,35. Ce résultat, comme on voit, diffère du précédent de 2″38, quantité plus considérable que celle que M. de Zach a trouvée pour l'attraction du Mont-Mimet.

Pourrait-on maintenant s'autoriser d'une différence de 2″ pour affirmer que cette montagne a exercé une action sensible sur le fil aplomb, lorsque deux cercles semblables, de mêmes dimensions, également parfaits, puisqu'ils étaient l'un et l'autre de Reichenbach, placés dans le même lieu (l'observatoire de Milan), maniés par le même astronome (M. de Zach), donnaient les mêmes jours des résultats identiques lorsqu'on observait la polaire, et des résultats qui différaient constamment les uns des autres de plus de 2″ lorsqu'on observait arcturus ? Supposons pour un moment que l'erreur des observations méridionales ait tenu uniquement au cercle de M. Oriani, et voyons si nous n'aurions pas quelques motifs pour croire que le cercle de M. de Zach est également sujet à de légères anomalies; or, si cet astronome daigne se ressouvenir des observations qu'il a insérées dans la *Bibliothèque britannique*, il verra qu'en 1808 cent quatre-vingts répétitions faites avec son cercle de 12 pouces lui donnaient pour la latitude de Milan 45° 28′ 1″,76, et qu'en 1809 il trouvait 1″,1 de plus; mais si ces remarques prouvent que le cercle de 12 pouces de M. de Zach peut donner des erreurs en plus ou en moins d'une seconde, il en résultera, ce me semble, incontestablement que cet instrument n'était pas propre à faire découvrir une attraction de 2″.

Il m'aurait été facile de fortifier ces objections par des exemples tirés de la méridienne de France, mais il m'a paru plus convenable de me borner aux propres obser-

Les bornes dans lesquelles nous sommes forcés de nous renfermer, ne nous permettront pas de rendre compte de plusieurs chapitres de l'ouvrage de M. de Zach, qui du reste ne se lient que très-indirectement à l'objet principal de son opération; nous allons cependant en rapporter les titres.

La septième partie est consacrée à la détermination « des hauteurs des « stations au-dessus de la mer Méditerranée. » L'auteur s'est servi indistinctement pour cet objet des distances réciproques au zénith, de la dépression de l'horizon de la mer, et du baromètre. La comparaison des résultats qu'il trouve, dans une même station, par chacune de ces méthodes, lui fournit les moyens d'apprécier l'exactitude dont elles sont susceptibles.

Dans la huitième partie, M. de Zach nous donne la « description « géométrique de la ville de Marseille et de son territoire. » Ce savant s'est livré, dans ce chapitre, à des recherches intéressantes pour découvrir dans quelle partie de la ville actuelle, Pythéas a pu faire, 350 ans avant notre ère, cette fameuse observation du solstice d'été, que Stra-

---

vations de M. de Zach, et de ne discuter même que celles qu'il avait faites avec l'instrument dont il s'est servi dans sa nouvelle opération.

Mais quelle peut être, enfin, la cause des anomalies que présentent les petits cercles ? Dans la *Connaissance des temps pour 1816* on a cherché à en rendre compte, en supposant que les rayons irréguliers dont l'image d'une étoile est toujours accompagnée, *dans une petite lunette*, peuvent tromper l'observateur sur la position du véritable centre de l'astre; M. de Zach rejette cette explication, qu'il traite « d'hypothèse gratuite, qui n'explique rien, absolument rien, qui n'est pas même « admissible ». L'auteur de *l'hypothèse* avait eu le soin, en la publiant, de l'accompagner des observations dont elle semblait découler: M. de Zach n'aurait-il pas dû également mettre le public dans la confidence des raisons qu'il peut avoir pour la rejeter? Qu'aurait dit cet astronome si, au lieu de montrer, comme nous venons de le faire, avec tous les détails convenables, qu'il ne résulte *aucunement* de sa nouvelle opération que le Mont-Mimet a attiré le fil aplomb de 2″, nous nous étions contentés de dire « qu'elle ne prouve rien, absolument rien, qu'elle n'est pas même ad- « missible? »

Du reste je dois, en terminant cette note, m'empresser de rassurer les astronomes qui pourraient craindre que cette question ne restât long-tems indécise. Il résulte en effet d'une anecdote que M. de Zach rapporte (page 53), qu'en publiant ses lettres dans la *Bibliothèque britannique*, ce savant tendait un piége dans lequel sont tombés ceux qui ont cherché la cause des défauts qu'il reprochait aux cercles répétiteurs. « Sa réponse n'était pas encore prête à cette époque, « mais il la donnera quand elle le sera ». Si cependant M. de Zach tient ses promesses par ordre de date, il nous expliquera auparavant la différence singulière de plusieurs secondes qu'on trouve entre les obliquités de l'écliptique de l'été et de l'hiver. Les astronomes attendent avec d'autant plus d'impatience la solution que M. de Zach a promise *il y a deux ans*, que l'anomalie dont nous venons de parler avait fait craindre qu'il n'y eût quelque légère erreur dans les tables de réfraction.

Livraison de novembre.

bon nous a conservée dans le chapitre V du IIe livre de sa Géographie. Il détermine également les positions des observatoires de Gassendi, de Dominique Cassini, de Chazelles, de Louville, du père Feuillée et de plusieurs amateurs d'astronomie.

L'ouvrage est terminé par une table des « longitudes et latitudes des « principaux lieux dans la partie méridionale de la France, détermi- « nées, soit par des observations astronomiques, soit par des opérations « géodésiques »; et par quelques réflexions relatives à l'opération que le docteur Maskelyne avait faite au pied du mont Schehallien, en Ecosse, pour déterminer l'attraction de cette montagne.

A

Note sur la Chaleur rayonnante; par M. POISSON.

PHYSIQUE.
———
Société Philomat.

M. LESLIE a démontré, par des expériences très-ingénieuses, que les rayons calorifiques partis d'un même point, pris sur la surface d'un corps échauffé, n'ont pas la même intensité dans tous les sens. L'intensité de chaque rayon, comme celle de toutes les émanations, décroît en raison inverse du carré des distances au point de départ; à distance égale, elle est la plus grande dans la direction normale à la surface; et, sui- vant M. Leslie, elle est proportionnelle pour tout autre rayon au cosinus de l'angle compris entre sa direction et cette normale. Cette loi conduit à une conséquence utile dans la théorie de la chaleur rayonnante, qui, je crois, n'a pas encore été remarquée. Il en résulte, en effet, que si l'on a un vase de forme quelconque, fermé de toutes parts, dont les parois intérieures soient par-tout à la même tempéra- ture et émettent par tous leurs points des quantités égales de chaleur, la somme des rayons calorifiques qui viendront se croiser en un même point du vase sera toujours la même, quelque part que ce point soit placé; de sorte qu'un thermomètre qu'on ferait mouvoir dans l'inté- rieur du vase, recevrait constamment la même quantité de chaleur, et marquerait par-tout la même température; ce que l'on peut regar- der comme étant conforme à l'expérience. Cette égalité de température dans toute l'étendue du vase ne dépendant ni de sa forme, ni de ses dimensions, doit tenir à la loi même du rayonnement, et c'est ce que je me propose de prouver dans cette note.

Pour cela, appelons O un point fixe pris dans l'intérieur du vase; soit M un point quelconque de sa surface intérieure; tirons la droite OM, et, par le point M, menons intérieurement une normale à la surface. Désignons par α l'angle compris entre cette normale et la droite M O : si cet angle est aigu, le point O recevra un rayon de chaleur parti du point M ; si, au contraire, il est obtus, le point O ne recevra aucun rayon du point M. Nous supposerons, pour simplifier, que le point O reçoit des rayons de tous les points du vase, c'est-à-dire, que l'angle α n'est obtus pour aucun d'eux : on verra sans difficulté comment il faudrait modifier la démonstration suivante, pour l'étendre au cas où une partie des parois du vase n'enverrait pas de rayons au point O. Soit a l'intensité du rayon normal, émis par le point M, à l'unité de distance ; cette intensité, à la même distance et dans la direction M O, sera exprimée par $a \cos. \alpha$, d'après la loi citée ; et si nous représentons par r la longueur de la droite M O, nous aurons $\dfrac{a \cos. \alpha}{r^2}$, pour l'intensité de la chaleur reçue par le point O, suivant la direction M O. De plus, si nous prenons autour du point M une portion infiniment petite de la surface du vase, et si nous la désignons par ω, nous aurons de même $\dfrac{a \omega \cos. \alpha}{r^2}$, pour la quantité de chaleur émise par cet élément ω et parvenue au point O. Or, on peut partager la surface du vase en une infinité d'élémens semblables ; il ne reste donc plus qu'à faire, pour tous ces élémens, la somme des quantités telles que $\dfrac{a \omega \cos. \alpha}{r^2}$, et l'on aura la quantité totale de chaleur reçue par le point O.

Cela posé, concevons un cône qui ait pour base l'élément ω, et son sommet au point O ; décrivons de ce point comme centre et du rayon O M, une surface sphérique ; et soit ω' la portion infiniment petite de cette surface interceptée par le cône. Les deux surfaces ω et ω' peuvent être regardées comme planes ; la seconde est la projection de la première, et leur inclinaison mutuelle est égale à l'angle α, compris entre deux droites qui leur sont respectivement perpendiculaires : donc, en vertu d'un théorême connu, on aura $\omega' = \omega \cos. \alpha$, et la quantité $\dfrac{a \omega \cos. \alpha}{r^2}$ deviendra $\dfrac{a \omega'}{r^2}$. Décrivons une autre surface sphérique, du point O comme centre, et d'un rayon égal à l'unité ; representons par θ l'élément de cette surface intercepté par le cône qui répond aux élémens ω et ω' ; en comparant ensemble θ et ω', qui sont deux portions semblables de surfaces sphériques, on aura $\omega' = r \theta$, et par conséquent

$$\frac{a \omega \cos. \alpha}{r^2} = \frac{a \omega'}{r^2} = a \theta.$$

Maintenant, la quantité a est la même pour tous les points du vase, puisqu'on suppose qu'ils émettent tous des quantités égales de chaleur ; il s'ensuit donc que la somme des produits tels que $a \varrho$, étendue à toute la surface du vase, sera égale au facteur a multiplié par l'aire d'une sphère dont le rayon est pris pour unité. Donc, en appelant π le rapport de la circonférence au diamètre, et observant que 4π est l'aire de la sphère, nous aurons $4\pi a$ pour la quantité de chaleur qui arrive au point O ; et l'on voit que cette quantité est indépendante de la position du point O, ce que nous voulions démontrer.

On peut aussi remarquer qu'elle ne dépend pas de la forme ni des dimensions du vase ; d'où il résulte que si le vase est vide d'air, et qu'on vienne à en augmenter ou diminuer la capacité, la température marquée par un thermomètre intérieur demeurera toujours la même ; et c'est, en effet, ce que M. Gay-Lussac a vérifié par des expériences susceptibles de la plus grande précision. Ces expériences détruisent l'opinion d'un calorique propre au vide ; elles montrent, en les rapprochant de ce qui précède, qu'il n'y a dans l'espace d'autre calorique que celui qui le traverse à l'état de chaleur rayonnante émise par les parois environnantes. Quant aux changemens de température qui se manifestent lorsqu'on augmente ou qu'on diminue tout à coup un espace rempli d'air, ils sont uniquement dus au changement de capacité calorifique que ce fluide éprouve par l'effet de la dilatation ou de la compression.

Si le point O, que nous avons considéré précédemment, était pris sur la surface intérieure du vase, la quantité de chaleur qu'il reçoit de tous les autres points de cette surface serait égale à la constante a multipliée par l'aire de la demi-sphère dont le rayon est un, et non pas par l'aire entière de cette sphère, comme dans le cas précédent. Ce produit $2\pi a$ est aussi égal à la somme des rayons calorifiques émis dans tous les sens par le point O ; d'où il suit que chaque point des parois du vase émet à chaque instant une quantité de chaleur égale à celle qu'il reçoit de tous les autres points.

Généralement, si l'on veut connaître la quantité de chaleur envoyée à un point quelconque O par une portion déterminée des parois du vase, il faudra concevoir un cône qui ait son sommet en ce point, et pour circonférence de sa base le contour de la paroi donnée ; puis décrire de ce même point comme centre, et d'un rayon égal à l'unité, une surface sphérique ; la quantité demandée sera égale au facteur a multiplié par l'aire de la portion de surface sphérique interceptée par le cône. Ainsi toutes les fois que deux portions de surfaces rayonnantes, planes ou courbes, concaves ou convexes, seront comprises dans le même cône, à des distances différentes de son sommet, elles enverront à ce point des quantités égales de chaleur, si le facteur a est supposé le même pour tous les points des deux surfaces.

L'analogie qui existe entre la lumière et la chaleur rayonnante porte à croire que l'émission de la lumière doit se faire, comme plusieurs physiciens l'ont déjà pensé, suivant la loi que M. Leslie a trouvée pour la chaleur rayonnante. Dans cette hypothèse, tout ce que nous venons de dire relativement à la chaleur s'appliquera également à la lumière, et la règle que nous venons d'énoncer sera aussi celle qu'on devra suivre en optique pour déterminer l'éclat d'un corps lumineux vu d'un point donné, ou, ce qui est la même chose, la quantité de lumière que ce corps envoie à l'œil de l'observateur.

1814.

Description des terreins de Schiste argileux (thonschiefer) *et de Psammite schistoïde* (grauwacke) *du Thuringerwald et de Frankenwald ; par* M. DE HOFF.

L'OBJET de l'auteur n'a pas été de donner simplement une description locale de la disposition de ces terreins dans les pays qu'il désigne ; mais son but principal paraît avoir été de montrer l'identité de formation de ces roches, et de prouver que les psammites, roches essentiellement composées de parties qui semblent réunies par agrégation, peuvent devoir leur formation et leur structure au moins autant à l'action chimique ou de dissolution qu'à l'action mécanique ou d'agrégation.

GÉOLOGIE.

Leonhard's taschenbuch fur die gesammte mineralogie etc.

7.e année. 1813.
1.re partie.

La partie examinée par l'auteur est celle qui est à l'ouest de la Saale et de la Rodach.

Le caractère extérieur principal de ces montagnes, composées de de psammite et de schiste, est tiré de leur forme. Les vallées, vers leur origine, sont peu profondes et peu inclinées, mais, vers leur extrémité inférieure, elles deviennent étroites, profondes, et bordées de rochers escarpés. Elles sont moins déchirées que les montagnes de porphyre qu'on voit à l'ouest, mais plus élevées et à pentes beaucoup plus rapides que les montagnes de sédiment qui les environnent.

Le psammite du Thuringerwald a été très-bien décrit par Trebra : c'est une roche d'une structure grenue, composée souvent de quarz, de felspath et d'un peu de mica, également répandus dans une masse argiloïde verdâtre ; on y voit, en outre, des veines et des noyaux de quarz. Ces parties, par leur liaison intime avec la masse, pourraient être, suivant l'opinion de MM. de Heim et d'Omalius-d'Halloy, que M. de Hoff est disposé à partager, de formation contemporaine avec la masse, et ne seraient pas alors, comme on l'a pensé assez généralement, les débris résultant de la destruction des granites repris et *rempatés* dans une nouvelle base.

Les naturalistes qui ont étudié cette partie du Thuringerwald n'ont jamais vu dans ce psammite aucune trace de corps organisés.

Le schiste argileux, dit M. de Hoff, est placé sur le psammite schistoïde, ainsi qu'on peut le voir dans un grand nombre de lieux que l'auteur cite, et il est avec cette roche en stratification ou gisement concordant (*gleich formiger schichtung oder lagerung*). On en distingue trois variétés, reconnaissables par leur position et par leur caractère minéralogique. La première, et la plus inférieure, a une structure plus feuilletée, ses feuillets sont droits, elle renferme peu de quarz, tant en filets qu'en rognons, et donne la meilleure ardoise. On y voit des lits (*lager*) de calcaire; la seconde est en feuillets plus épais, renferme plus de silice, et passe même au jaspe schisteux (*kieselschiefer*). Elle contient du minerai de fer et des bancs de schiste coticule (*wezschiefer*). La troisième variété est la plus superficielle, et en même temps la plus élevée. Elle est encore plus pénétrée de silex que les précédentes ; elle est aussi en feuillets épais, grisâtres et tachetés.

On n'a vu aucun débris de corps organisés dans ces schistes. Ils sont souvent séparés, et sur-tout la seconde de la troisième variété, par des bancs de quarz qui renferment des traces de minerai de fer, d'arsenic, de zinc et de plomb sulfurés. M. de Hoff soupçonne que l'or des sables de la Schwarza vient des sulfures décomposés de ces bancs de quarz.

Nous avons dit qu'on trouvait dans la première variété du schiste argileux des lits de calcaire, et cette circonstance est très-importante pour déterminer l'époque des formations de ces schistes.

Ce calcaire est grisâtre, noirâtre, noir foncé, brun, brun rouge, rouge avec des nuances de jaune; il est mélangé et traversé de parties et de veines de calcaire spathique blanc ; ces couleurs sont disposées de manière à former un marbre veiné ou tacheté; il renferme, en outre, des feuillets minces et onduleux de schiste.

Il est en couches et en stratification concordante dans le schiste argileux, et non en masses isolées, par conséquent de même formation que le schiste. C'est la seule roche, de toutes celles qu'on décrit ici, qui renferme quelques pétrifications, très-rares il est vrai. M. de Hoff y a trouvé lui-même, près de Steinach, des trochites (1) ; et M. de Heim y cite des vis et quelques coquilles bivalves mal conservées qu'on ne peut déterminer.

On trouve dans ce terrain, comme dans presque tous ceux qui lui ressemblent, quelque part qu'ils soient, des lits d'ampelite graphique et d'ampelite alumineuse (*alaunschiefer*). M. de Hoff a remarqué qu'ils

---

(1) Vulgairement *entroque*, mais peut-être rapportés par erreur à ce genre. *Voyez* Schlottheim.

étaient plus ordinairement dans le voisinage des lits de calcaire.

Enfin on trouve aussi dans cette contrée des lits de minerai de fer : c'est du fer oxydé, ochreux et argileux ; il n'est pas en stratification concordante comme les autres roches mentionnées plus haut, mais il paraît avoir été déposé dans des cavités isolées de la montagne, et semble être des portions isolées du grand dépot de minerai de fer dont la masse principale est dans le Rothenberg. Il paraît que ces dépôts de minerai appartiennent plus particulièrement aux lits calcaires.

Vers le nord-ouest, le schiste argileux se cache sous un grand dépôt de quarz sur lequel paraissent très-probablement être placés les porphyres à base d'argilolite, de trapp et de pétrosilex de cette contrée. On n'a pas encore vu précisément cette superposition, mais des règles d'analogie et des conséquences tirées des inclinaisons prolongées des couches, toutes preuves rapportées par M. de Hoff, nous ont paru de nature à laisser peu de doute sur cette superposition, qui d'ailleurs n'a rien de nouveau, ni par conséquent d'opposé aux faits observés ailleurs. Elle prouverait que ces porphyres, qu'on a considérés comme primitifs, appartiennent à la formation de transition, puisqu'ils recouvrent des roches caractéristiques de cette grande formation.

A l'occasion de cette classe intéressante de terrain, M. de Hoff fait remarquer qu'elle prend tous les jours une si grande extension, qu'on ne saura bientôt plus où trouver de véritables terrains primitifs, et qu'on sera peut-être conduit à réunir ces deux classes de terrains, car les terrains de transition présentant dans beaucoup de cas la même structure cristalline, le même mode de formation chimique, et plusieurs des roches qui constituent les terrains nommés *primitifs*, on ne peut plus les en distinguer que par la circonstance des roches qu'ils recouvrent, et qui renferment des débris d'autres roches, et sur-tout des restes de corps organisés ; mais quand cette circonstance n'est point connue, on n'a aucun moyen sûr de déterminer cette classe de terrain, et rien ne nous dit qu'il n'y a pas au dessous des vrais granites, de ceux qui sont regardés comme les plus anciens, des roches de sédiment renfermant des pétrifications (1). Cependant, pour ne pas devancer les faits, M. de Hoff propose de laisser le nom de *terrains primitifs* à ceux qui, ayant d'ailleurs les caractères extérieurs de ces terrains, ne sont placés évidemment sur aucune roche de sédiment.

A. B.

(1) M. Brongniart, sans avoir eu l'avantage de connaître la manière de penser de M. de Hoff à ce sujet, avait émis à peu près la même opinion dans sa notice sur la géognosie du Cotentin. *Voyez* J. d. M., févr. 1814,

Traité des Maladies chirurgicales et des opérations qui leur conviennent; par M. le Baron BOYER, *professeur de chirurgie pratique à la Faculté de médecine de Paris, etc., etc.*

MÉDECINE.
———
Ouvrage nouveau.

QUAND, après vingt-cinq ans de succès dans la pratique et dans l'enseignement d'une science, un savant publie les observations nouvelles qu'il a pu recueillir, il fait une chose utile et mérite bien de la science ; mais qu'un chirurgien tel que M. Boyer se dérobe à sa renommée et à ses nombreuses et utiles occupations pour mettre au jour non-seulement les observations nouvelles que sa longue et brillante pratique ont dû lui fournir, mais pour écrire un traité complet de chirurgie, dans lequel en général, et particulièrement la chirurgie française, est présentée avec tous les perfectionnemens qu'elle a reçus jusqu'à l'époque actuelle, voilà certes une entreprise digne des plus grands éloges, et l'auteur a bien mérité non-seulement de la science, mais encore de son pays et de l'humanité.

M. Boyer a suivi, dans l'exposition de la chirurgie, la même méthode qu'il suit depuis vingt ans dans son enseignement. Or cet enseignement a toujours attiré un concours nombreux d'élèves nationaux et étrangers ; il s'y est formé un grand nombre d'hommes habiles, dont les noms sont déjà célèbres, et c'est maintenant pour un chirurgien un titre honorable en tous pays que d'avoir été élève de M. Boyer. La conséquence à en déduire, relativement à la méthode qui est adoptée dans l'ouvrage, est évidente ; comment pourrait-on ne pas en reconnaître la bonté ? Et cependant, d'après les principes généralement admis aujourd'hui, cette méthode est essentiellement vicieuse ; elle est en partie fondée sur une physiologie surannée ; elle réunit les objets les plus disparates, et sépare ceux qui ont la plus grande analogie : c'est une espèce d'ordre alphabétique. Mais que répondre à l'expérience qui a constaté l'utilité de cette méthode d'enseignement sur plusieurs milliers d'élèves? L'importance des classifications en médecine ne serait-elle pas aussi grande qu'on le pense en ce moment?

Si l'on peut avec raison faire quelques reproches à l'ouvrage de M. Boyer pour la distribution générale des maladies, on ne peut qu'admirer la manière dont chaque maladie en particulier est décrite, ses causes prochaines et éloignées, ses symptômes, sa marche, sa terminaison, ce qui la distingue des autres maladies avec lesquelles on pourrait la confondre, etc. Les divers moyens curatifs sont exposés avec une clarté et une précision remarquables ; et comme c'est au fond la description des faits particuliers qui forment effectivement la science; que dans l'exercice de la médecine, il n'y a ni classe ni genre à établir, mais seulement des maladies particulières à reconnaître et à traiter, on peut aisément rendre raison du succès de l'enseignement de M. Boyer, et de celui qu'aura son livre, malgré les reproches qu'on peut à la rigueur faire à la classification qu'il a adoptée.

F. M.

Sur un Squelette humain fossile de la Guadeloupe ; par M. Ch. KŒNIG.

GÉOLOGIE.

Journal Physique.

LES naturalistes qui observent avec attention et qui sont savans dans l'anatomie comparée, conviennent tous qu'on ne connaît jusqu'à présent aucun reste de l'espèce humaine, ni aucun des produits de son industrie, qui soit véritablement pétrifié, ni même fossile, c'est-à-dire enfoui dans des couches vieilles et solides de la terre, et d'une formation ancienne ; et par formation ancienne on entend tout ce qui est antérieur à l'état actuel de la surface des continens : il est donc très-important, pour apprécier la vérité de cette généralité, de constater avec le plus grand soin non-seulement l'espèce de l'être auquel appartiennent des os trouvés dans la terre, mais sur-tout la nature et la disposition du terrain dans lequel on trouve des ossemens ou tout autre indice de l'existence d'un être organisé.

La réponse à la première question, à celle qui est relative à la détermination de l'espèce, ne paraît pas douteuse ; il paraît bien constaté que les squelettes qu'on trouve incrustés dans de la pierre, sur un rivage de la Guadeloupe, appartiennent à l'espèce humaine, quoique la tête, une des parties essentielles du squelette, y manque.

Cette solution rend la seconde considération, celle qui a pour objet la nature du terrain, beaucoup plus importante, et malheureusement, malgré les détails que M. Kœnig a rassemblés, et dont il a très-bien su apprécier la valeur, il est très-difficile de rien prononcer encore sur l'époque de formation de ce terrain, c'est-à-dire de savoir s'il fait partie des couches déposées avant ou pendant la dernière catastrophe de la terre qui a laissé nos continens dans l'état où nous les voyons, ou si ce terrain est d'une formation nouvelle, locale, et due à des causes semblables à celles qui agissent encore à la surface du globe, telles que les éruptions volcaniques, les eaux thermales tenant en dissolution de la chaux carbonatée, etc.

Les squelettes humains de la Guadeloupe sont connus par les natifs de cette île, et nommés par eux *Galibi*. On les trouve dans cette partie séparée par un bras de mer de l'île de la Guadeloupe proprement dite, et que l'on nomme la *Grande-Terre*, dans un parage qui est sous le vent, et qui s'appelle la *Moule*. Ils sont inscrustés et comme enveloppés dans une pierre fort dure, et situés au-dessous de la ligne de la haute mer. Ils forment, avec la pierre qui les entoure, des blocs qui paraissent comme séparés du reste de la masse, et qui ont environ 25 décimètres de long sur 6 à 8 d'épaisseur. La pierre devient d'autant plus dure qu'elle approche plus du squelette, et elle y devient même, dit-on, d'une dureté supérieure à celle du marbre statuaire.

Cette roche est calcaire, et se dissout complètement dans l'acide nitrique. Cependant M. Thompson dit avoir trouvé un peu de phosphate de chaux dans la partie qui est la plus voisine des os. Sa structure est généralement grenue, mais à grains distincts, serrés, et agrégés fortement sans ciment apparent; dans quelques parties de la masse, ces grains sont confluens et forment une masse plus ou moins poreuse. Ils sont de plusieurs sortes, les uns paraissent être des petites parties résultant de la trituration d'un calcaire compacte; les autres sont des débris de zoophytes de différentes espèces; plusieurs d'entre eux sont rouges, et paraissent venir du *millepora miniacea* de Pallas (1).

On a trouvé adhérens ou enveloppés dans cette même pierre un fragment de madrepore blanc, une hélice voisine de l'*helix acuta* de Martini; un *turbo* qui paraît être le *turbo pica*, conservant encore quelques-unes de ses taches; un grand morceau de basalte, et une poudre noire qui paraît être de charbon de bois.

Le squelette situé dans le bloc, apporté par sir Alex. Cochrane, était très-peu enfoncé dans ce bloc. Il est utile de faire sur la disposition de ce squelette les remarques suivantes.

Les os, à la sortie du bloc, étaient entièrement friables, mais ils devenaient plus durs par leur exposition à l'air; beaucoup des os sont fracturés, et portent l'empreinte d'une violente secousse; la tête manque, comme on l'a déjà dit, ainsi que plusieurs os des extrémités. Les os des cuisses et des jambes semblent avoir été dilatés par la pierre calcaire qui a rempli leurs cavités; le tibia était fendu presque dans toute sa lon-

---

(1) J'ai sous les yeux un fragment de cette pierre; il est entièrement composé de grains de calcaire compacte, jaune isabelle très-pâle, même dans ses parties les plus denses, qui n'offrent aucune cavité. Ces grains, sans être régulièrement ovoïdes, approchent cependant de cette forme, et sont à peu près de la grosseur du millet. On n'y voit aucun débris de coquille; mais, comme le dit M. Kœnig, quelques grains rosâtres épars çà et là, dans lesquels on peut quelquefois découvrir la structure organique du corail. Plusieurs parties de ce morceau présentent des pores nombreux dans lesquels les grains sont en saillie et en partie isolés. On voit alors très-distinctement, sur-tout à l'aide d'une loupe, qu'ils sont tous enveloppés d'une incrustation calcaire luisante qui en a arrondi toutes les aspérités, et l'on voit que c'est cette incrustation qui, par son abondance dans certaines parties, a lié ces grains ensemble, ce qui rend cette pierre compacte dans ses parties.

.gueur, et la fente est remplie de pierre calcaire. Ces circonstances fort remarquables semblent indiquer que la pierre calcaire qui enveloppe ce squelette a été dans une sorte d'état de fluidité, ou au moins de grande mollesse.

Ces os ont été analysés par M. Davy, qui y a trouvé tout le phosphate calcaire et presque toute la gélatine qu'ils devaient contenir.

Tels sont les faits rapportés par M. Kœnig. Il ne cherche pas à expliquer la position de ces squelettes humains dans cette pierre calcaire dure, ni à découvrir l'époque où ils y ont été déposés; mais il fait remarquer que cette dépendance de l'île de la Guadeloupe qu'on appelle la Grande-Terre est un terrain plat, composé de pierre calcaire principalement formée de débris de zoophyte avec quelques mornes ou élévations de calcaire coquillier, dont, suivant quelques auteurs, la stratification est très-irrégulière et semble avoir été dérangée, tandis que la Guadeloupe proprement dite est un terrain entièrement volcanique.

Peut-on, d'après ces détails, conclure que ces squelettes humains soient véritablement fossiles dans l'acception que nous avons donnée à ce mot au commencement de cet article? La présence d'un volcan, et l'influence que ces terrains ont sur la disposition, et même sur la nature de ceux qui les environnent, peut avoir été la cause de la formation de la roche calcaire très-hétérogène qui enveloppe ces squelettes, dont les os paraissent avoir été altérés par la même cause.

Il nous semble donc qu'on ne peut pas encore assurer qu'on ait trouvé de véritables *anthropolithes*.

A. B.

Sur la chute de Pierres qui a eu lieu dans le département de Lot-et-Garonne le 5 septembre 1814. Extrait d'une lettre de M. J. LAMOUROUX, Ex-Pharmacien des armées, à M. le comte de Villeneuve, Préfet du département; — et sur la comparaison de ces Pierres avec celles d'autres lieux, conservées dans le cabinet de M. de Drée, à Paris; par M. LÉMAN.

« Lundi, 5 septembre, à 11 heures 45 minutes du matin, on apperçut, dans le département de Lot-et-Garonne et dans ceux qui l'avoisinent, un nuage très-élevé et d'une couleur blanchâtre. Les habitans d'Agen l'observèrent au N. N. O.; ceux du Temple et des environs presque à leur zénith; ceux de Monclar au S. O.; ceux de Castelmoron à l'E.

1814.

GÉOLOGIE.

Société Philomat.

S. E.; enfin les habitans de Clairac le virent à l'Est. D'après ces différentes observations, le nuage devoit être placé directement sur la commune du Temple, un peu du côté de Castelmoron, environ au 1° 35′
longitude ouest de Paris, et au 44° 30′ latitnde nord. Ce nuage fut
long-temps immobile, s'il faut ajouter foi au récit de plusieurs personnes
qui disent l'avoir observé près d'une heure avant la détonation; il
était facile de le remarquer, le temps étant parfaitement serein, et agité
seulement par un léger vent du N. N. O. plus ou moins sensible, suivant les lieux.

« A 11 heures 45 ou 46 minutes, on entendit dans l'air une forte détonation semblable à plusieurs coups de canon, de gros calibre, répétés : les 4
ou 5 premiers coups n'étoient pas très-rapprochés, mais les derniers
imitaient un roulement si terrible, que les hommes et les animaux en
furent effrayés; au même instant le nuage parut se précipiter vers la
terre, en tournant sur lui-même; et arrivé à une certaine distance de la
surface du sol, distance qui ne peut être évaluée à moins de deux lieues,
il se divisa en plusieurs parties, qui se terminèrent en rayons d'une couleur bleuâtre, rouges à l'extrémité : quelques personnes ont assuré avoir
vu, un moment avant la détonation, un éclair très-sensible, mais qui
ne fut pas observé généralement à cause de la lumière du soleil. D'autres prétendent n'avoir vu le nuage qu'après la détonation; mais tous
s'accordent sur la couleur blanchâtre de ce nuage, sur sa forme oblongue
et sur son diamètre apparent de 7 à 8 pieds.

« Aussitôt que le nuage se fût divisé, les rayons dont je viens de parler
se dissipèrent peu à peu, en laissant dans l'air un léger brouillard visible surtout autour du disque du soleil; un quart d'heure après, tout
avoit disparu.

« L'éclair vu par plusieurs personnes, la couleur blanchâtre du
nuage, la manière dont il s'est divisé par rayons; tout porte à croire
que, s'il eût paru la nuit, il auroit répandu la plus vive lumière.

« Peu de secondes après la division du nuage, des pierres sont tombées sur la terre et ont été dispersées dans une circonférence d'environ une lieue de rayon; elles étaient très-chaudes au moment de leur
chute.

« Ces pierres ressemblent, par leurs caractères généraux, à toutes
celles du même genre que l'on a observées jusqu'à ce jour; elles en
diffèrent par des veines marbrées d'un gris foncé et par des globules d'un
genre particulier, dont l'intérieur se trouve parsemé; ces caractères leur
donnent beaucoup de ressemblance avec les pierres de Bénarès.

« La quantité de ces uranolithes, déjà trouvée, peut être évaluée à
25 ou 30 kilogrammes; il en existe une du poids de 9 kilogrammes
entre les mains de M. Prugnières, propriétaire, aux Brethous, près
Castelmoron. Elle n'est pas entière; on a dû en avoir extrait au moins

un kilogramme et demi. Une autre d'un volume égal a été trouvée à la distance d'environ mille toises de la première, dans la direction du nord ; cette dernière a été brisée par des paysans, qui en ont dispersé les morceaux. L'une et l'autre tombant dans une terre peu compacte, y ont fait des trous de 8 à 10 pouces de profondeur, dans une direction inclinée de quelques degrés du sud au nord. Quelques-unes trouvant un terrain plus ferme n'ont pu y pénétrer, entr'autres, celles qui sont tombées au Temple, qui, après leur chute, ont fait plusieurs bonds également du sud au nord. Une de ces pierres offre des empreintes ressemblant, très-grossièrement, à celles des pattes d'un chien ou de quelqu'autre animal du même genre. Plusieurs de ces pierres paroissent être des fragmens d'une masse plus considérable, en ce que la surface des parties qui semblent s'être détachées avant la chute, est un peu moins noire que celle des autres, et que les inégalités en sont moins arrondies ; les cassures faites après la chute sont d'un gris blanchâtre. »

Observation. Un échantillon de l'aérolithe d'Agen, déposé dans le cabinet de minéralogie de M. de Drée, à Paris, comparé avec les aérolithes de différens lieux qui s'y trouvent réunis, a montré la plus grande analogie avec l'aérolithe provenant du cabinet de M. de Trudaine à Montigny, présumée être tombée à Liponas, en Bresse, le 7 septembre 1753. L'une et l'autre présentent des veines marbrées d'un gris foncé, quelquefois très-déliées, et qui leur donnent un caractère particulier propre à les faire reconnaître aussitôt. Les globules qui forment la presque totalité des pierres de Bénarès se retrouvent, mais en très-petit nombre, dans l'aérolithe d'Agen ; mais ce qu'elle offre de plus remarquable c'est une très-grande quantité de grains métalliques brillans beaucoup plus abondans que dans aucune des pierres avec lesquelles nous l'avons comparée, qui existent chez M. de Drée, et dont voici la liste avec les caractères particuliers à chacune.

1.º *Subschisteuse.*

1. Ensisheim, septembre 1492.

2.º *Globules métalliques très-nombreux, point de veines.*

2. Maurkirchen, Bavière, 20 novembre 1768. — Gris clair, globules assez gros, épars.

3. Eichstaedt, 19 février 1785. — Globules très-petits.

4. Bénarès, au Bengale, 29 décembre 1798. — Globules beaucoup plus gros.

3.º *Globules très-rares, aspect uniforme.*

5. Lucé, dans le Maine, 13 septembre 1768. — Gris blanc, quelques taches de rouille, des points brillans assez nombreux, sur un fond terne.

6. Woltdcottage, dans le Yorkshire, 13 décembre 1795. — Semblable à la précédente, les points métalliques plus nombreux.

7. Sienne, 16 juin 1794. — Gris blanc terne, quelques points gris bleuâtre, points métalliques brillans, épars.

8. Sales, près Villefranche, département du Rhône, 12 mars 1798. — Gris clair, çà et là plus foncé, parties métalliques brillantes éparses.

9. Charsonville, près Orléans, 23 novembre 1810. — Semblable à la précédente, mais un peu plus foncée en couleur.

10. Toulouse, 10 avril 1802. — Gris bleuâtre pointillés de gris, grains métalliques brillans très-petits, des globules épars.

11. Barbotan, près Bordeaux, 24 juillet 1790. — Semblable à la précédente ; de plus, de nombreuses taches de rouille, et de petites lignes ou veinules gris foncé qui serpentent dans la pierre.

4.º *Ayant l'apparence de brèche.*

12. Weston, dans le Connecticut, 14 décembre 1807. — Granulaire, friable, terne, fond gris de cendre, parties blanches éparses, plus riches en grains métalliques.

13. L'Aigle, département de l'Orne, 26 avril 1814. — Contexture serrée, grains métalliques brillans épars, parties blanches très-nombreuses, d'inégale grandeur.

14. Liponas? en Bresse, septembre 1753. — Granulaire, parties fragmentiformes, gris cendré, très-nombreuses, de toutes grandeurs, sur un fond gris bleuâtre très-divisé et formant comme un réseau; des taches de rouille éparses et de nombreux grains métalliques brillans dans les parties gris cendrées.

15. Agen, 5 septembre 1814. — Semblable à la précédente, parties fragmentiformes d'un gris blanc, grains métalliques brillans très-nombreux.

5.º *D'apparence charbonneuse.*

16. Saint-Etienne près d'Alais, 5 mars 1806. — Noire, à points brillans, légère et friable.

6.° *Fer natif.*

17. De Sibérie. — Scoriforme, de nombreux globules vitreux jaune olive.

18. Du Tucuman. — Compacte ou un peu cellulaire, grains vitreux décomposés, de couleur de rouille et très-rares.

19. Du Sénégal. — Gris, poreux çà et là, grains vitreux très-petits, épars, et faciles à confondre avec les parties du fer qui sont rouillées.

S. L.

~~~~~~~~~~~~~~~~~~~~~

Sur une nouvelle variété d'Argile native ou sous-sulfate d'alumine.

M. Webster, bibliothécaire de la Société Géologique de Londres, a découvert, sur la côte sud d'Angleterre, à neuf milles à l'est de Brighton (presque en face de Dieppe), un minéral plus blanc que la craie, et qui a les caractères et propriétés suivantes :

Ce minéral est blanc, mais d'un blanc assez mat; sa texture, quoique finement grenue, est assez compacte et homogène. Elle paraît se trouver en masses moyennes, à surface extérieure comme mameloneuse ; elle est traversée par des veines ocreuses qui présentent des lamelles de gypse.

On sait que l'argile native de Halle, délayée dans une petite quantité d'eau et examinée au microscope, semble presque entièrement composée de petites aiguilles ou petits prismes transparens aplatis, mais trop petits cependant pour qu'on puisse en déterminer la forme. L'alumine native de Brighton présente absolument la même structure, et diffère en cela, comme celle de Halle, de l'alumine faite artificiellement, et de toutes les argiles examinées jusqu'à présent sous ce point de vue (1).

Cette substance, analysée par le docteur Wollaston, a été reconnue par ce célèbre chimiste pour de l'alumine presque pure combinée à

MINÉRALOGIE.

———

Société Philomat.

---

(1) Cette description et l'observation de la structure particulière de ce minéral ont été faites par le rédacteur de cet extrait, sur des échantillons qui lui ont été donnés par M. Grecnough.
~~~~~~~~~~~~~~~~~~~~~

une petite portion d'acide sulfurique, par conséquent pour un sous-sulfate d'alumine.

On voit que ce minéral a un grand nombre de points de ressemblance avec l'alumine ou argile native de Halle en Saxe.

Il s'en trouve des veines dans la craie, et quelquefois couvrant la surface de cette roche calcaire. Elle est presque toujours accompagnée de gypse.

Elle est placée à une grande hauteur vers la cime des escarpemens de craie de la côte, et l'on n'a pu en recueillir que sur les masses de craie tombées au pied de la falaise. En regardant ces rochers avec attention, on croit remarquer que cette substance forme une veine ou une couche qui s'étend à environ un demi-quart de lieue.

A. B.

Théorié analytique des Probabilités ; par M. **Laplace**; *seconde édition. Chez* Mme Ve **Courcier.**

En annonçant, dans le n.° 61 du *Nouveau Bulletin,* la première édition de cet ouvrage, nous avons fait connaître toutes les questions traitées par l'auteur; nous allons maintenant indiquer les augmentations considérables qu'il a faites à la seconde édition: elle renferme de plus que la première,

1.° Une introduction qui est elle-même une nouvelle édition, perfectionnée et augmentée, de l'*Essai philosophique sur les Probabilités,* publié par M. Laplace il y a environ un an. Cet *Essai,* qu'on a aussi réimprimé in-8°, est par rapport à la *Théorie analytique,* ce que l'Exposition du systême du monde est relativement à la Mécanique céleste.

2.° Un chapitre de la plus haute importance, sur la probabilité des témoignages, et sur celle de la bonté des jugemens rendus par les tribunaux.

3.° Enfin des *Additions* placées à la fin du volume, contenant des démonstrations nouvelles de plusieurs formules employées dans l'ouvrage. M. Laplace y rapporte aussi la méthode d'interpolation qui a conduit Wallis à son théorême sur l'expression de la circonférence en produit infini; et il montre le rapport de ce théorême avec celui de Stirling sur l'expression du terme moyen du binome élevé à une puissance quelconque.

P.

Observations sur le genre *Glaux*; par MM. Auguste DE SAINT-HILAIRE *et* DUTOUR DE SALVERT.

1814.

BOTANIQUE.

Société Philomat.
19 novembre 1814.

UN calice monophylle à cinq divisions, point de corolle, cinq étamines périgynes, un ovaire supérieur et uniloculaire, un réceptacle central libre, chargé de cinq ovules enfoncés dans sa substance, des semences sans périsperme, un embryon droit à radicule tournée vers l'ombilic : tels sont les caractères assignés jusqu'ici au genre *Glaux* par la plupart des auteurs. Si tous ces caractères étaient exacts, il est bien certain que cette plante devrait être rangée, comme on l'a cru, parmi les *Salicariées*, mais elle s'éloigne réellement de cette famille, par ce qu'il y a de plus essentiel dans les parties de la fructification.

L'ovaire globuleux et terminé en pointe, est uniloculaire, comme dans certaines *Salicariées*; mais M. de Saint-Hilaire a fait observer ailleurs que dans ces dernières plantes, le réceptacle était en forme de colonne, tandis que dans le *Glaux* il est globuleux et soutenu par un petit pédicule caché dans sa substance. Cette différence est déja de quelque importance, puisqu'elle tient, comme M. de Saint-Hilaire l'a prouvé, à l'organisation intime du réceptacle, mais il existe d'autres différences qui frapperont d'avantage.

M. de Saint-Hilaire a observé les semences du *Glaux*, et il assure qu'elles ont un périsperme et que leur embryon n'a point sa radicule tournée vers l'ombilic. Les graines de cette plante sont brunes, chagrinées, irrégulières, anguleuses, et ont leur surface extérieure (celle qui regarde les parois de la capsule), plus large et un peu convexe. L'amande composée d'un périsperme charnu et d'un embryon droit, placée transversalement dans le périsperme et parallèle à l'ombilic.

Ces caractères importans éloignent tout-à-fait le *Glaux* des *Salicariées*, puisque dans celles-ci l'embryon a sa radicule tournée vers l'ombilic, et qu'elles n'ont point de périsperme.

Une certaine ressemblance extérieure entre le *Glaux* et le *Corrigiola* est sans doute ce qui a fait croire aussi que le premier de ces deux genres pouvait appartenir aux *Portulacées*; mais il est clair que cette ressemblance ne peut autoriser le rapprochement dont il s'agit, car, si les *Portulacées* ont un périsperme comme le *Glaux*, ce corps est chez elles d'une nature bien différente, et, comme l'on sait, l'embryon y est roulé autour du périsperme.

Il est encore un caractère extrêmement essentiel qui éloigne le *Glaux*, non seulement des *Salicariées* et des *Portulacées*, mais encore de toute la classe à laquelle ces deux familles appartiennent. M. de Lamark a dit : il y a longtemps que les étamines du *Glaux* n'étaient point périgynes, mais insérées sous l'ovaire ; cette observation négligée par les auteurs qui ont écrit depuis, est exacte.

C'est donc parmi les plantes dont les étamines sont hypogynes qu'il faut chercher la place du *Glaux*. Aucune apétale ne présente les mêmes caractères, et c'est également en vain qu'on les chercherait parmi les polypétales. A l'exception du défaut de corolle, une famille de monopétales seule les réunit tous, et cette famille est celle des *Primulacées*. Chez elles comme dans le *Glaux*, le calice est monophylle, l'insertion est hypogyne, le style est simple, le stigmate en tête, l'ovaire supérieure et uniloculaire. Dans le *Glaux* comme dans les *Primulacées*, les étamines sont alternes avec les divisions du calice, et le placenta charnu, globuleux, et soutenu par un petit pédiculle caché dans sa substance, se termine par un filet qui s'enfonce dans le style et se brise après la fécondation. Dans les mêmes plantes, les ovules sont également incrustés dans le réceptacle ; les semences sont irrégulières et ont leur surface extérieure plus large et un peu convexe ; enfin l'embryon y est également droit, parallèle à l'ombilic et situé dans un périsperme charnu. Une ressemblance aussi parfaite dans tous les détails de la fructification, ne permet certainement pas d'éloigner le *Glaux* des *Primulacées*, et l'on pourrait dire en quelque sorte que cette plante est une *Primulacée apétale*.

Quelques auteurs ont assuré que dans son pays natal, les fleurs du *Glaux* étaient pourvues d'une corolle. C'est dans les lieux où il croit naturellement que M. de Saint-Hilaire l'a étudié, et il a trouvé sa fleur constamment incomplète ; mais s'il était vrai qu'il eût quelquefois une corolle et qu'elle fût monopétale, ce serait un rapport de plus que cette plante aurait avec les *Primulacées* ; et ce rapport serait d'autant plus grand que les étamines du *Glaux* étant alternes avec le calice, seraient, comme dans les *Primulacées*, opposées à la corolle, s'il en existait une.

M. de Saint-Hilaire termine son Mémoire en présentant les caractères du genre *Glaux*, ainsi qu'il suit :

GLAUX. *Calix campanulatus, 5 - fidus, coloratus. Corollao. Stamina quinque hypogyna. Stylus unicus. Stigma capitatum. Capsula unilocularis 5 - valvis. Semina receptaculo centrali globoso affixa. Perispermun carnosum. Embryo rectus umbilico parallelus.*

B. M.

1814.

Mathématiques.

Institut.

22 août 1814.

Mémoire sur l'expression analytique de l'élasticité et de la roideur des courbes à double courbure ; par M. J. Binet.

Quand une cause quelconque détermine un changement de forme dans une ligne matérielle à double courbure, en la concevant partagée dans sa longueur en élémens infiniment petits, ce changement peut être rapporté pour chacun de ses points à trois espèces distinctes de variations ; 1.º à une extension ou contraction de l'élément de la courbe dans le sens de sa longueur ; 2.º à une augmentation ou une diminution de l'angle de contingence formé par deux élémens infiniment petits consécutifs, ou à une flexion de la courbe ; 3.º à une augmentation ou à une diminution de l'angle de contingence compris par deux plans osculateurs consécutifs répondant au même point, et cela peut être nommé une torsion.

Si la courbe matérielle est élastique, c'est-à-dire, si elle s'oppose aux changemens de forme que des forces tendent à lui imprimer, on pourra toujours considérer cette résistance en chaque point, comme provenant de trois espèces de forces s'opposant aux trois sortes de variations dont nous venons de parler. La force contraire à l'extension ou à la contraction longitudinale des élémens de la courbe s'appelle la tension ; celle qui résiste à l'ouverture ou à la diminution de l'angle de contingence est nommée communément l'élasticité de l'angle de la courbe, ou plus simplement l'élasticité de la courbe, parce que c'est la seule avec la tension que l'on ait considérées jusqu'à présent. La troisième force tend à empêcher l'angle de contingence de deux plans osculateurs consécutifs de changer : cette nouvelle sorte d'élasticité s'exerce par le moyen de la torsion de l'élément de la courbe. Ce genre de force se développe principalement dans les courbes à double courbure, et les géomètres paraissent jusqu'à présent avoir entièrement négligé de le considérer ; aussi M. *Lagrange,* en s'occupant du problème que nous traitons ici, est-il parvenu à des équations, exactes sans doute, pour les courbes qui ne seraient douées que des deux premières espèces d'élasticité, ou pour les courbes planes sollicitées par des forces situées dans leur plan, mais qui sont loin de convenir au problème général des courbes à double courbure élastique. Qu'on se figure, par exemple, un fil métallique plié en forme d'hélice, comme le sont les ressorts appelés *ressorts à boudins.* Si une force agit de manière à rapprocher ou à éloigner les deux extrémités de ce ressort, on voit assez que le changement de forme qu'il éprouvera aura lieu sur-tout aux dépens de la torsion du fil métallique.

Les trois espèces d'élémens géométriques que je viens de considérer comme variables dans une courbe élastique, sont constans pour une courbe roide, et les géomètres savent qu'il en résulte que les équations indéfinies que fournissent ces deux problèmes, doivent se présenter absolument sous la même forme, ou doivent pouvoir y être ramenées ; et qu'elles ne diffèrent que par leur objet ; c'est-à-dire par les choses qu'elles doivent déterminer. Il est très-singulier que l'auteur de la *Mécanique analytique*, qui a insisté sur cette remarque dans plusieurs occasions, en ait négligé l'application dans le problème des courbes élastiques à courbure double. Il eût été conduit à considérer le genre des forces de torsion, qui se présentent d'ailleurs si naturellement dans cette question. Elles ont même un autre avantage dans l'expression de la roideur ; c'est de faire éviter les forces provenant des indéterminées que M. *Lagrange* emploie à multiplier les variations de certaines fonctions différentielles, qui doivent être constantes dans une courbe rigide et invariable de forme. En examinant quelles sont ces forces, on reconnaît que deux d'entre elles sont infinies, l'une du premier ordre, l'autre du second ordre. La raison de cette circonstance extraordinaire se trouve dans la fonction que ces forces sont destinées à remplir ; c'est ce qu'on verra suffisamment dans le cours de mon mémoire. M. *Lagrange* n'ayant pas cherché la signification géométrique particulière de chacune des trois quantités différentielles qui doivent être invariables, semble n'avoir pas aperçu l'inconvénient dont je parle ; et pour cette raison, mon travail est surtout propre à compléter et à éclaircir plusieurs chapitres de la *Mécanique analytique*.

Ayant été conduit à considérer de nouveaux élémens dans les courbes et les polygones construits d'une manière quelconque dans l'espace, on trouvera dans mon mémoire quelques nouvelles expressions et de nouvelles formules relatives à leur géométrie.

Observations sur le chlore , par M. GAY-LUSSAC.

CHIMIE.

Institut.
Août 1814.

M. GAY-LUSSAC commence par établir que les muriates se changent tous en chlorures métalliques lorsqu'on les fond ou seulement qu'on les dessèche, et que quelques-uns éprouvent ce changement lorsqu'ils cristallisent. Ce principe est la conclusion naturelle des faits suivans :
1.º La baryte, la strontiane, la chaux, l'oxyde de zinc secs, exposés

à la température d'un rouge obscur, au contact de gaz hydrochlorique
ont donné de l'eau; 2.° 1 gramme de potassium contenu dans un
creuset a été plongé dans un ballon rempli de gaz hydrochlorique.
La combinaison ayant eu lieu, le creuset a été pesé, on a eu par ce
moyen le poids du chlorure de potassium; on a dissous le chlorure
dans l'eau, on a fait évaporer et dessécher le résidu, on l'a pesé; puis
on l'a fait rougir, et on l'a pesé de nouveau. Les poids trouvés dans
les deux pesées étaient égaux à celui du chlorure.

D'après la détermination que l'on a faite des élémens des muriates
secs dans l'hypothèse où ces sels étaient formés d'un oxyde métallique
et d'un acide, il est extrêmement facile de reconnaître la composition
des chlorures, il suffit d'ajouter au poids de l'acide, celui de l'oxygène
qu'on a supposé uni à la base pour avoir le poids du chlore; c'est
par ce moyen que M. Gay-Lussac admet que le chlorure d'argent

est formé de................ $\begin{cases} \text{chlore.......... 100} \\ \text{argent......... 305,59} \end{cases}$

Le chlorure de potassium.... $\begin{cases} \text{chlore......... 100} \\ \text{potassium...... 111,310} \end{cases}$

La potasse doit être formée.. $\begin{cases} \text{potassium...... 100} \\ \text{oxygène .... 20,425} \end{cases}$

D'après ces données le rapport de l'oxygène au chlore est de 10
à 43,99, ou en nombres ronds de 10 à 44.

L'analogie qui existe entre les iodates et les muriates suroxygénés
a conduit M. Gay-Lussac à rechercher si la nature de ces composés
ne serait point analogue. Il a trouvé par le calcul que s'il en était ainsi,

l'acide des muriates suroxygénés devait être formé $\begin{cases} \text{chlore } 100 \\ \text{oxygène } 111,68, \end{cases}$

en quoi ce corps différerait de l'euchlorine de M. Davy, qui est composé
de chlore...100, d'oxygène 22,79; ce dernier nombre multiplié par 5
donne 113,95 qui se rapproche assez de 111,68, pour faire croire que
l'acide des muriates suroxygénés contiendrait cinq fois autant d'oxygène
que l'euchlorine.

M. Gay-Lussac regarde l'euchlorine comme un oxyde de chlore analogue au protoxyde d'azote, parce qu'il contient deux volumes d'azote et
un volume d'oxygène.

Pour savoir s'il y avait un acide de chlore M. Gay-Lussac a préparé
le muriate suroxygéné de barite par le procédé de M. Chennevix, il
l'a décomposé par l'acide sulfurique, et a trouvé dans la liqueur un
véritable acide de chlore qui doit être nommé *chlorique.*

Des propriétés de l'acide chlorique.

L'acide chlorique est incolore et inodore, il a une saveur très-acide;
il rougit la teinture de tournesol sans la détruire; il n'altère point

le sulfate d'indigo ; la lumière ne le décompose point, il prend par la concentration une consistance un peu oléagineuse, la chaleur en volatilise une partie, et réduit l'autre en chlore et en gaz oxygène.

L'acide hydrochlorique le réduit en chlore et en eau.

L'acide sulfureux en sépare le chlore et devient sulfurique.

L'acide hydrosulfurique le décompose ; on obtient de l'eau, du soufre et du chlore.

L'acide chlorique reproduit tous les chlorates en se combinant avec les bases. Le chlorate d'ammoniaque est fulminant ainsi que M. Chennevix l'a dit.

L'acide chlorique ne précipite pas l'argent ni aucune autre dissolution métallique ; il dissout le zinc en dégageant du gaz hydrogène.

Il paraît que l'eau ou une base salifiable est nécessaire à son existence.

De la quantité de chlorate qui se forme quand on fait passer le chlore dans l'eau de potasse.

On trouve par le calcul, que quand on fait passer du chlore dans une dissolution de potasse, il doit se former 100 de chlorate et 300,2 de chlorure, si l'on admet que le chlore s'oxyde aux dépens de la potasse, ou 336,8 d'hydrochlorate, si l'on admet qu'il s'oxyde aux dépens de l'eau.

M. Chennevix au lieu du premier rapport a trouvé par l'expérience celui de 100 à 595,4. M. Gay-Lussac a trouvé celui de 100 à 349 lorsqu'il s'est servi d'une solution de potasse concentrée, et celui de 100 à 512, lorsqu'il a employé de la potasse dissoute dans trois fois son poids d'eau. M. Gay-Lussac attribue la différence du résultat calculé de celui trouvé par l'expérience, à l'oxygène qui se dégage pendant la saturation de la liqueur alcaline par le chlore, et pendant les opérations qu'on fait subir à la même liqueur, avant de déterminer la proportion du chlorate et du chlorure.

De l'action du chlore sur les oxydes métalliques.

Le chlore se comporte avec les oxydes de la même manière que l'iode, et l'acide chlorique se produit à peu près dans les mêmes circonstances que l'acide iodique.

Du chlorure d'azote.

L'analogie indique que ce composé est formé de 3 volumes de

chlore et de 1 volume d'azote ; mais, au lieu de ce rapport, M. Davy a trouvé celui de 4 à 1.

M. Gay-Lussac se demande si l'or, l'argent et le mercure fulminant ne sont pas des azotures métalliques.

C.

~~~~~~~~~~~~~~~~~~~~~~

Mémoire sur les équations aux différences partielles ;
par M. AMPÈRE

MATHÉMATIQUES.

Institut.
Septembre 1814.

L'AUTEUR considère une classe particulière d'équations aux différences partielles du second ordre à trois variables, savoir : les équations linéaires, par rapport aux plus hautes différences. La plus générale de cette classe renferme quatre termes dont trois sont multipliés par les différences secondes et le quatrième en est indépendant ; les coëfficiens de ces quatre termes sont d'ailleurs des fonctions quelconques des trois variables et des deux différences premières ; or, M. Ampère se propose de transformer cette équation en une autre, qui ne contienne plus qu'une seule différence seconde ; et il y parvient, en effet, lorsque l'on connaît deux intégrales premières de l'équation proposée, contenant chacune une constante arbitraire. S'il s'agissait d'une équation linéaire, non-seulement par rapport aux différences du second ordre, mais aussi par rapport aux différences premières et à la variable principale, cette transformation n'exigerait, comme on sait, qu'un simple changement des deux variables indépendantes, et les nouvelles variables seraient déterminées en fonctions des anciennes par l'intégration de deux équations différentielles ordinaires. Mais relativement aux équations plus générales que M. Ampère a considérées, il faut changer à la fois les trois variables, et le choix de l'inconnue qu'il faut prendre pour la nouvelle variable principale, fait la difficulté du problème qu'il s'est proposé de résoudre. Pour rendre plus faciles à saisir les résultats auxquels il est parvenu, nous allons les présenter sous un point de vue différent du sien, qui conduit néanmoins aux mêmes conclusions.

Supposons, d'abord, que l'on ait trouvé d'une manière quelconque, une intégrale particulière de l'équation proposée, contenant trois constantes arbitraires, et que l'on transforme les variables de cette équation en trois autres qui soient les trois constantes de l'intégrale ; l'une d'elles deviendra la variable principale ; elle sera donc regardée comme fonction des deux autres qui seront les deux variables indépendantes dont on pourra fixer, comme on voudra, le rapport avec celles qu'elle
~~~~~~~~~~~~~~~~~~~~~~

remplace ; c'est-à-dire que l'on pourra se donner à volonté deux équations entre les nouvelles variables et les anciennes. Dans cette question, comme dans beaucoup d'autres où l'on fait varier les constantes d'une intégrale, on reconnaît sans peine que pour donner à la transformée la forme la plus simple, il faut prendre ces deux équations de manière que les deux différences premières ne changent pas par la variation des constantes. On trouve, alors, pour cette transformée, une équation linéaire par rapport aux différences secondes, de même forme que la proposée, et qui contient, en général, les trois différences secondes de la variable principale. C'est à cette espèce de transformation que se rapporte celle que M. Legendre a donnée pour intégrer, ou du moins pour rendre tout-à-fait linéaire l'équation de l'*aire minimum*, et d'autres semblables, telle que l'équation qui comprend la propagation du son dans une ligne d'air, lorsque les oscillations du fluide ne sont pas regardées comme infiniment petites.

Maintenant si l'intégrale particulière d'où l'on part, n'est pas prise au hazard, mais qu'elle provienne d'une intégrale première contenant déjà une constante arbitraire, que l'on a ensuite intégrée avec deux autres constantes, cette circonstance donne lieu à une réduction de la transformée. En effet on prouve aisément qu'alors, une des trois différences secondes disparaît dans cette équation, ce qui peut déjà la rendre plus facile à traiter. De plus si les coëfficiens des secondes différences dans l'équation proposée, sont les trois termes d'un carré, on prouve aussi que deux termes disparaissent à la fois dans la transformée, et qu'elle est réduite à ne plus contenir que la différence seconde relative à l'une des deux variables indépendantes, ce qui est la forme la plus simple à laquelle elle puisse être ramenée. On peut remarquer à cette occasion, que, d'après la théorie connue (1), une pareille équation ne comporte qu'une seule fonction arbitraire dans son intégrale complète : il en sera donc de même de toute équation linéaire par rapport aux différences du second ordre, dans laquelle les coëfficiens de ces différences ont entre eux la relation des trois termes d'un carré ; proposition qu'on pouvait bien supposer, mais que personne avant M. Ampère n'avait complètement démontrée.

Enfin si l'on est d'abord parvenu à trouver deux intégrales premières de l'équation proposée, renfermant chacune une constante arbitraire, et qu'en les employant simultanément, on ait obtenu l'intégrale avec trois constantes qui est la base de toute cette analyse ; il arrive alors que l'équation transformée perd deux de ses termes,

---

(1) Journal de l'Ecole Polytechnique, treizième cahier, page 107.

1 8 1 4.

de sorte qu'elle ne contient plus qu'une seule différence du second ordre; savoir : celle qui est prise une fois par rapport à chaque variable. Ce résultat est l'objet principal du Mémoire dont nous rendons compte. Il suppose, comme on voit, la connaissance de deux intégrales premières dans le cas général, et d'une seule, dans le cas particulier dont nous venons de parler; et l'auteur observe lui-même, que malheureusement il n'y a pas de méthode directe pour les trouver dans tous les cas. Lorsqu'en outre la transformée à laquelle il conduit, se trouve linéaire par rapport aux différences premières et à la variable principale, on peut alors lui appliquer les méthodes de M. Laplace qui donnent son intégrale sous forme finie, toutes les fois qu'elle en est susceptible, et sous forme d'intégrales définies dans beaucoup d'autres cas. M. Ampère rapporte dans son Mémoire, différens exemples d'équations qui deviennent ainsi tout-à-fait linéaires, au moyen de sa transformation. Il les intègre ensuite par les méthodes citées; et il montre par-là que cette transformation, quoiqu'elle ne soit pas toujours praticable, donne cependant une sorte d'extension aux moyens d'intégration connus jusqu'ici.   P.

Sur une nouvelle manière de retirer l'Osmium du platine brut; par M. Laugier.

Chimie.

Société Philomat.
19 novembre 1814.

Pour obtenir l'osmium, l'un des quatre métaux du platine brut, on n'a employé, jusqu'à présent, qu'un moyen, celui de traiter la poudre noire qui résiste à l'action de l'acide nitromuriatique que l'on fait agir sur le platine, à l'aide de la potasse. La masse alcaline étendue d'eau et sursaturée d'acide nitrique est ensuite soumise à la distillation, pendant laquelle l'eau passe chargée de l'oxyde d'osmium aussi volatil que ce liquide.

Cette volatilité de l'oxyde d'osmium, et plus encore l'odeur extrêmement forte de l'acide distillé sur le platine brut, a fait soupçonner à M. Laugier que cet acide pouvait bien être chargé d'une quantité quelconque d'oxyde d'osmium. Il paraît que ce fait avait été entrevu plusieurs années auparavant par M. Tennant qui s'était contenté de dire qu'il passait de l'osmium pendant la distillation.

M. Laugier, pour vérifier le soupçon qu'il avait formé, a saturé l'acide avec plusieurs bases alcalines. La chaux lui a paru préférable; la distillation presque entièrement saturée par la chaux a été soumise à la distillation, et il a obtenu une grande quantité d'eau chargée d'oxyde d'osmium.

Le procédé de M. Laugier est facile, expéditif, peu coûteux, et met à la disposition des chimistes une quantité d'osmium qui, jusqu'à présent, avait été perdue pour eux.

Expériences sur la purification et la réduction des oxydes de Titane et de Cérium ; par M. LAUGIER.

CHIMIE.

Société Philomat.
19 novembre 1814.

CE Mémoire, qui renferme un assez grand nombre d'expériences, dont la description serait trop longue pour être rapportée dans le Bulletin, qui a pour objet de faire sur-tout connaître les résultats des travaux des membres de la société, établit les faits suivans :

1°. L'acide oxalique et l'oxalate d'ammoniaque sont employés avec succès pour réunir sur-le-champ la plus grande partie du titane contenu dans une dissolution muriatique impure de ce métal, laquelle, après leur action, reste parfaitement limpide.

2.° Ces réactifs, en isolant ainsi le titane, facilitent la séparation du fer qui y est mêlé.

3.° L'oxyde de titane provenant de l'oxalate, mis en pâte avec de l'huile et fortement chauffé, est en partie réduit, et la portion réduite a une couleur jaune pure.

4.° L'acide oxalique est le meilleur réactif pour séparer le cérium du fer ; la séparation de ces deux métaux s'opère complètement par ce moyen.

5.° L'oxyde de cérium provenant de l'oxalate, mêlé à de l'huile en quantité suffisante pour former une pâte, et fortement chauffé dans une cornue de porcelaine, se convertit en un carbure noir mêlé de points brillans, qui se trouve peser exactement le même poids que l'oxyde employé.

6.° Ce carbure encore chaud a la propriété de s'enflammer à l'air comme le meilleur pyrophore ; placé sur du papier, il y met le feu, et repasse, à mesure qu'il brûle, et que le charbon se consume, à l'état d'oxyde rouge.

7.° Cette propriété de s'enflammer spontanément fait soupçonner que le métal avait été privé de son oxygène, dont le charbon a pris la place.

8.° Le cérium n'est pas volatil à la chaleur rouge que peut éprouver une cornue de porcelaine dans un fourneau à réverbère.

1814.

Chimie.

Société philomat.
19 novembre 1814.

Sur la présence de la Strontiane dans l'arragonite d'Auvergne; par M. Laugier.

Le carbonate de chaux et l'arragonite offrant une cristallisation très-différente, on a dû soupçonner que ces substances différaient aussi par leur composition, et beaucoup de chimistes se sont occupés de leur analyse comparée.

Presque tous ont conclu de leurs expériences, que ces deux substances étaient identiques, et qu'elles étaient formées de quantités semblables de chaux, d'eau et d'acide carbonique.

M. Stromayer est le seul qui ait annoncé que l'arragonite diffère du carbonate de chaux, en ce qu'elle renferme une petite quantité de strontiane.

Cette contradiction entre l'opinion de M. Stromayer et celle de beaucoup de chimistes distingués, a engagé M. Laugier à vérifier un fait attesté par le premier, et nié par les autres.

Il a fait usage du procédé de M. Stromayer, et il a obtenu d'abord une matière blanche, pulvérulente, qui ne peut être du nitrate de chaux, puisqu'elle ne se dissout point dans l'alcool, et qu'elle ne s'humecte point à l'air, et qui, d'un autre côté, n'est pas de la chaux, parce qu'elle est beaucoup soluble dans l'eau, et que l'eau qui la tient en dissolution ne se trouble point à l'air.

Cette matière dissoute dans l'eau et abandonnée au repos, se cristallise régulièrement, et présente les propriétés du nitrate de strontiane. Les cristaux qu'on en obtient sont transparens, solides, d'une saveur âcre, piquante, d'une forme octaëdrique, et donnent une couleur purpurine à la flamme d'une bougie.

M. Laugier a obtenu ces cristaux en abrégeant le procédé de M. Stromayer; au lieu d'attendre que le nitrate de chaux, évaporé en consistance de miel, fût devenu liquide à l'air, et que les cristaux de nitrate de strontiane se fussent déposés, il a traité de suite la masse épaissie, par l'alcool, à 40°, qui ne dissout que le nitrate de chaux.

Il a fait son expérience sur 140 grammes d'arragonite.

Observations sur la bouche des papillons, des Phalènes et des autres insectes lépidoptères ; par M. J. C. SAVIGNY, de l'Institut d'Égypte.

ZOOLOGIE.

———

Institut.
octobre 1814.

ON sait que chez beaucoup d'insectes les organes de la nutrition diffèrent infiniment de ceux de leurs larves, et que, sous ce rapport, on doit surtout remarquer les papillons ou lépidoptères dont toutes les chenilles, quelles qu'elles soient, sont munies de mandibules plus ou moins cornées, destinées à triturer des matières solides végétales ou animales, tandis que les insectes parfaits qui proviennent de ces chenilles ne sont pourvus que d'une trompe flexible, spirale, plus ou moins développée, et quelquefois même presque nulle, dont l'usage est de s'insinuer dans le calice des fleurs, afin d'en sucer le nectar.

Jusqu'à présent on avait regardé cette trompe des lépidoptères comme un organe qui leur était particulier, et qui n'avait aucune analogie avec les parties qui servent à l'assimilation des alimens dans les insectes des autres ordres. M. Latreille seulement avait annoncé (1) qu'on pouvait regarder les deux pièces qui forment la trompe des papillons comme occupant la place des mâchoires; mais ce naturaliste n'a pas développé cette idée, et a continué, ainsi que M. Delamarck, à donner le nom de *trompe* à l'organe en question.

M. Savigny, portant toute son attention sur les différentes parties de la bouche des lépidoptères, a acquis de son côté la conviction de l'analogie qui existe entre les deux parties de leur trompe et les mâchoires des autres insectes; et de plus il a retrouvé dans les premiers les autres organes, plus ou moins modifiés, que l'on observe dans la bouche des insectes broyeurs. Il leur reconnaît deux lèvres, une supérieure et une inférieure, deux mandibules, deux mâchoires et quatre palpes, dont deux maxillaires et deux labiaux.

La *lèvre supérieure* est très-petite et très-peu apparente, mince, membraneuse, demi-circulaire, ou plus souvent alongée et pointue, appliquée exactement à la base de la trompe et reçue dans sa suture moyenne de manière à fermer exactement le léger écartement qui se trouve entre les deux filets.

Les *mandibules*, aussi très-petites, sont appuyées sur les deux côtés de la trompe et sont trop écartées pour pouvoir se toucher par leur sommet. Leur mouvement est assez obscur, et dans certains genres, comme dans les sphinx, elles paraissent plutôt soudées au cha-

---

(1) Dans une note de son *Genera insect. et crust.*, t. 1., p. 169.

peron, qu'articulées. D'autrefois elles font corps avec la base de la lèvre supérieure. Elles sont cornées, très-lisses dessus et dessous, vides à l'intérieur, tantôt applaties, tantôt renflées, plus ou moins coniques, divergentes, parallèles ou convergentes, pointues ou obtuses selon les genres, mais dans tous bordés de cils très-épais sur leur tranchant intérieur.

Les *mâchoires* ont leur tige fixée à la tête et à la lèvre inférieure ; mais leur lame terminale est libre, grêle, souvent très-longue, flexible fistuleuse, arrondie en dehors, sillonée en dedans d'une goutière dont les bords sont imperceptiblement crénelés, et qui s'adaptant avec la goutière de la lame correspondante, forme ainsi un cylindre creux qui est la langue ou la trompe des lépidoptères. Chacune de ces mâchoires porte un palpe inséré précisément au même point que les palpes maxillaires des autres insectes ; ces palpes sont ordinairement très-petits, mais cependant quelques lépidoptères les ont assez développés ; et, comme ceux-ci ont leurs quatre palpes apparens, Fabricius les a distingué pour en former ses genres *Tinea*, *Phycis* et *Crambus*, que M. Latreille réunit dans sa famille des *crambites*. Ces palpes maxillaires sont composés tantôt de deux articles très-courts, comme dans les papillons, les hespéries, les phalènes, les noctuelles, les pyrales, les ptérophores, ou un peu plus longs, ainsi que dans les sésies et les zygènes ; tantôt ils le sont de trois, comme dans les botys, les galleries, les crambes, les alucites, etc. Ces articles varient selon les genres dans leurs formes et leur longueur proportionnelle. Il est à remarquer que lorsque les palpes maxillaires sont de deux articles, la trompe est toujours nue ou simplement pubescente, tandis que lorsqu'ils le sont de trois, cette trompe est toujours écailleuse.

La *lèvre inférieure* est une simple plaque triangulaire ordinairement écailleuse, unie par une membrane aux deux tiges des mâchoires, et supportant à sa base les deux *palpes labiaux*.

Ceux-ci, faciles à observer dans la plupart des lépidoptères, sont composés de trois ou de deux articles, dont les formes et les proportions varient à l'infini.

Tel est le résultat de l'examen attentif que M. Savigny a fait des organes de la nutrition dans les lépidoptères, et qu'il a porté également dans les autres ordres d'insectes, assez loin pour pouvoir avancer que lorsque l'on aura mieux étudié la bouche de tous ces petits animaux, on trouvera que quelque forme qu'elle affecte, elle est toujours essentiellement composée des mêmes élémens. Cependant les hymenoptères présentent, outre les parties qui composent ordinairement la bouche des insectes broyeurs, deux organes, dont un, décrit par Réaumur, a reçu de M. Savigny le nom d'épipharinx. Son usage est de cacher, conjointement avec la lèvre supérieure, l'ouverture du pharinx, sur la position duquel M. Savigny ne se trouve pas d'accord avec les naturalistes qui l'ont précédé; ceux-ci le croient placé au-dessous de la lèvre inférieure ou la langue, qui est le vrai tube suceur. Selon lui, il paraît certain que le pharinx des hymenoptères est situé au-dessus de la langue comme dans les autres insectes. Dans quelques-uns, en outre de cet épipharinx, M. Savigny a observé une nouvelle pièce qui s'emboite avec lui, et qui peut porter, à raison de sa position, le nom d'hypopharinx.

Les mêmes organes se retrouvent tous, soit ensemble, soit séparément, dans la bouche des diptères. La trompe de ces insectes, comme dans les hymenoptères, est formée par la lèvre inférieure, elle existe presque toujours, ainsi que les mâchoires qui portent les palpes, mais qui se confondent quelquefois avec la lèvre inférieure, et qui semblent disparaître. Les mandibules ne se voient que dans quelques genres, notamment dans celui des taons, où elles ont la forme de deux lames très-déliées; et dans ces mêmes insectes, l'hypopharinx et l'épipharinx sont la soie ou les deux soies intermédiaires. La lèvre supérieure est encore une soie ou une écaille plus large qui couvre les autres.

M. Savigny a présenté à la première classe de l'institut les dessins qui doivent accompagner plusieurs Mémoires qu'il se propose de lui communiquer, et qui tendront à établir principalement, 1°. que les hémiptères, soit herbivores, soit carnassiers, ont la bouche composée d'une lèvre supérieure, de deux mandibules, de deux mâchoires, d'une langue et d'une lèvre inférieure, quelquefois palpigère, et 2°. que dans tous les acères de M. Latreille (sans en excepter ceux auxquels il n'accorde qu'un simple suçoir), on trouve deux mandibules, deux mâchoires, une langue ou une lèvre inférieure, et quelquefois même une lèvre supérieure. Il ajoute que dans ces insectes, il existe deux pharinx.　　　　　　　　　　A. D.

Nouvelle application de la théorie des oscillations de la lumière ; par M. BIOT.

PHYSIQUE.

Lu à l'Institut le 27 décembre 1813.

En étudiant les directions diverses suivant lesquelles les molécules lumineuses tournent leurs axes lorsqu'elles traversent un grand nombre de corps cristallisés doués de la double réfraction, j'ai été conduit à reconnaître qu'elles éprouvent dans l'intérieur même de ces corps des mouvemens de plusieurs sortes, tantôt oscillant autour

de leur centre de gravité, comme le balancier d'une montre, tantôt
tournant sur elles-mêmes d'un mouvement continu. Ces résultats une
fois établis par l'expérience, j'en ai déduit par les calculs une infinité
de phénomènes dont jusqu'alors il n'avait pas été possible d'assigner
la véritable cause, ou qui même étaient tout-à-fait inconnus. Mais
je n'avais encore appliqué ces recherches qu'à des substances dont la
double réfraction est très-faible, si faible que les images des points lumineux vues à travers des plaques à surfaces parallèles, de trois ou
quatre centimètres d'épaisseur, ne sont pas sensiblement séparées. Aujourd'hui je les étends même aux substances dont la double réfraction
est la plus énergique, telles que l'arragonite et la chaux carbonatée
rhomboidale; et je suis arrivé à voir que, dans ces cristaux, comme
dans tous les autres, les molécules lumineuses commencent par osciller
autour de leur centre de gravité jusqu'à une certaine profondeur, après
quoi elles acquièrent aussi une polarisation fixe, qui range leurs axes
en deux sens rectangulaires.

Pour observer ces phénomènes dans un cristal quelconque, il faut
atténuer sa force polarisante jusqu'à ce que les molécules lumineuses
qui le traversent, fassent, dans son intérieur, moins de huit oscillations. L'on y parvient, soit en formant, avec le cristal donné, des lames suffisamment minces, soit en les inclinant sur un rayon incident polarisé
de manière à diminuer l'angle que le rayon réfracté forme avec l'axe
de double réfraction ; soit enfin, ce qui est le plus commode, en
employant ces deux moyens à la fois.

On parviendra encore au même but en transmettant d'abord le
rayon incident à travers une plaque de chaux sulfatée d'une épaisseur
convenable, dont l'axe forme un angle de 45° avec le plan primitif de
polarisation. Car, lorsqu'un rayon est ainsi préparé, pour qu'il se ré-
solve en faisceaux colorés, il n'est plus nécessaire que la force polarisante de la seconde lame soit très-faible, il suffit qu'elle combatte
et affaiblisse assez les premières impressions qu'il a reçues, pour que
la différence des nombres d'oscillations opérés dans les deux plaques
soit moindre que huit.

J'ai trouvé ainsi que, sous des conditions exactement pareilles, la
force polarisante du spath d'Islande est exprimée par 18,6, celle de
la chaux sulfatée étant 1 ; c'est-à-dire qu'il faut une épaisseur de chaux
sulfatée égale à 18,6, pour détruire les modifications imprimées aux
rayons lumineux par une épaisseur 1 de spath d'Islande. Or j'ai,
depuis long-temps, fait voir que le cristal de roche agit exactement
comme la chaux sulfatée. Ce rapport sera donc aussi celui du spath
d'Islande, comparé au cristal de roche. Maintenant, si l'on compare
les forces répulsives de ces deux substances telles que Malus les a
conclues de leur double réfraction, on trouve leur rapport égal à

17,7 ; c'est-à-dire presque le même que celui des forces polarisantes, et je n'oserais point répondre de la différence. Toutes les autres substances que j'ai pu soumettre à une pareille épreuve, m'ont offert la même égalité. Ce qui acheverait de montrer, si cela était encore nécessaire, que la théorie des oscillations de la lumière atteint ces phénomènes dans leur naissance, et les ramène à la considération des véritables forces par lesquelles ils sont produits.

Sur les propriétés physiques que les molécules lumineuses ac- quièrent en traversant les cristaux doués de la double réfrac- tion ; par M. Biot.

Lu à l'Institut le 22 mai 1814.

Dans l'ouvrage que j'ai publié sur la polarisation de la lumière, j'ai été conduit à conclure que les molécules lumineuses, en tra- versant les corps cristallisés, n'éprouvent pas seulement des dévia- tions géométriques dans la position de leurs axes; mais acquièrent encore de véritables propriétés physiques, qu'elles emportent ensuite avec elles dans l'espace, et dont les affections permanentes se ma- nifestent dans les expériences, par des affections toutes nouvelles. Les preuves sur lesquelles j'ai établi ce résultat, quoiqu'elles me pa- russent certaines, dépendaient d'une discussion très-délicate, et exi- geaient le rapprochement d'un assez grand nombre d'expériences, ce qui pouvait les rendre moins sensibles pour les personnes qui ne les auraient pas suivies avec beaucoup d'attention. C'est pourquoi j'ai cherché des moyens moins détournés de mettre en évidence une con- séquence aussi extraordinaire, et j'ai trouvé dans la théorie même que j'en avais déduite, les procédés les plus simples pour l'établir directement.

Je commence par polariser un rayon blanc au moyen de la ré- flexion sur une glace. Je le transmets ensuite perpendiculairement à travers une plaque naturelle de chaux sulfatée, d'une épaisseur e qui excède $\frac{45}{10.}$ de millimètres, et dont l'axe forme un angle de 45° avec le plan de polarisation primitif. Les deux faisceaux ordinaires et ex- traordinaires qui en résultent, sortent tous deux suivant la même di- rection; en outre, d'après la théorie que j'ai établie, ces deux fais- ceaux sortent blancs; et si l'épaisseur n'est que de quelques centi- mètres, ils se comportent comme étant polarisés à angles droits, l'un dans le sens de la polarisation primitive, l'autre dans un sens rectan- gulaire.

J'exclus ce second faisceau par la transmission à travers une pile de glaces, disposée de manière à le réfléchir en totalité, sans agir aucunement sur le premier faisceau qui reste seul visible à travers la pile.

Alors si l'on compare celui-ci avec un rayon polarisé dans le même sens, par la seule réflexion sur une glace, on voit qu'ils sont ou du moins qu'ils paraissent parfaitement semblables quant à l'arrangement géométrique des particules et au sens de la polarisation; car ils se comportent absolument de la même manière, quand on les éprouve par un prisme de spath d'Islande, ou par la réflexion sur une glace inclinée. Dans le premier cas ils se résolvent également en deux images blanches qui s'évanouissent et renaissent aux mêmes limites; dans le second ils se réfléchissent de la même manière, et échappent ensemble à la réflexion. De plus, si on leur fait traverser des lames minces de chaux sulfatée de cristal de roche, etc., ils donnent également des images colorées, et colorées des mêmes teintes, et ils cessent tous deux d'en donner quand ces lames ont atteint certaines limites d'épaisseur. Mais avec tant de ressemblances, ils offrent une différence capitale : c'est qu'au-delà de ces limites, l'épaisseur augmentant toujours, le rayon polarisé par la simple réflexion, ne donne jamais plus de couleurs, au lieu que le faisceau qui a d'abord traversé l'épaisseur e de chaux sulfatée, recommence à en donner de nouveau quand l'épaisseur de la seconde lame de cette substance entre dans les limites $e \pm \frac{45}{100}$ de millimètre. Il conserve donc en cela la trace durable des impressions physiques qu'il avait d'abord subies en traversant la première plaque cristallisée; ces impressions sont relatives à l'épaisseur e de cette plaque, au lieu que le rayon polarisé par la seule réflexion, est modifié complètement comme s'il avait traversé une plaque cristallisée d'une épaisseur infinie.

Je me borne ici à ce seul fait; mais la différence des deux rayons se manifeste encore dans plusieurs autres phénomènes que la théorie sait également prévoir, et qu'il aurait été, je pense, assez difficile, pour ne pas dire impossible, de deviner autrement.

Découverte d'une Différence physique dans la nature des forces polarisantes de certains cristaux ; par M. Biot.

Dans mes précédentes recherches sur les cristaux doués de la double réfraction, j'ai fait voir que l'on pouvait obtenir des faisceaux colorés extraordinaires et ordinaires, avec des plaques épaisses comme avec des lames minces, en opposant les actions polarisantes

Livraison de décembre.

23

successivement exercées par deux de ces plaques sur un même rayon lumineux. Lorsque les plaques sont de même nature, l'opposition s'opère toujours en croisant à angles droits leurs axes de double réfraction. Mais lorsqu'elles sont de nature différente, il faut, dans certains cas, croiser les axes, dans d'autres, les rendre parallèles. Ce dernier cas a lieu, par exemple, quand on combine les aiguilles de beril avec celles de quartz. Lorsque les axes de ces deux substances sont placés de la même manière relativement à un rayon polarisé, les impressions qu'elles lui communiquent sont telles que, si elles sont successives, elles s'entre-détruisent, et au contraire, elles se continuent et s'ajoutent ensemble si les axes sont croisés à angles droits; ce qui est précisément l'inverse de ce qu'on observe quand on combine ensemble deux plaques tirées d'un même cristal. Ainsi dans cette sorte d'aimantation que les cristaux font subir aux particules lumineuses qui les traversent, il faut distinguer deux modes d'impressions différens et opposés l'un à l'autre, comme le sont les deux électricités vitrée et résineuse, ou les deux magnétismes boréal et austral. Je les nommerai, par analogie, la *polarisation quartzeuse* et la *polarisation bérillée*. Voici une liste de quelques substances qui se rangent dans l'une ou l'autre de ces dénominations :

Polarisation quartzeuse.	*Polarisation bérillée.*
Cristal de roche.	Chaux carbonatée rhomboïdale.
Chaux sulfatée.	Arragonite.
Baryte sulfatée.	Chaux phosphatée.
Topase.	Beril.
	Tourmaline.

Quand on combinera ensemble deux des cristaux dont la polarisation est de même nature, il faudra croiser leurs axes pour obtenir la différence de leurs actions, et au contraire il faudra les rendre parallèles si leurs polarisations sont différentes. On voit par ce tableau, que la forme primitive d'un cristal n'a pas de rapport évident avec l'espèce de polarisation qu'il exerce, de même qu'elle n'en a pas non plus avec les propriétés électriques des minéraux.

1814.

ZOOLOGIE.

Société Philomat.
2 novembre 1814.

Mémoire sur la classification méthodique des animaux mollusques, et établissement d'une nouvelle considération pour y parvenir ; par M. H. de BLAINVILLE. (*Extrait.*)

M. de Blainville, continuant ses recherches sur la classification méthodique des animaux, basée sur leur anatomie, après s'être successivement occupé des quatre classes d'animaux vertébrés, traite, dans ce Mémoire, du groupe auquel on donne assez généralement aujourd'hui le nom de *mollusques,* qu'il pense cependant n'être pas assez bien circonscrit.

Après une histoire succincte de la Zoologie considérée sous ce point de vue, dans laquelle il cherche ce que chaque auteur a ajouté successivement à la science, et sur quelle partie de l'organisation il a établi ses subdivisions, il s'arrête spécialement à faire voir que c'est à Poli, M. de Lamarck et sur-tout à M. Cuvier, que l'histoire méthodique des mollusques doit ses plus grands progrès. Il croit cependant, appuyé sur un assez grand nombre d'observations nouvelles qu'il a eu l'occasion de faire dernièrement pendant son séjour à Londres, que les méthodes les plus modernes rompent encore un assez grand nombre de rapports naturels ; et son Mémoire a essentiellement pour but de tâcher d'y remédier et de faire connaître une nouvelle considération qui lui paraît être d'un résultat plus avantageux que celle employée jusqu'ici, spécialement pour les mollusques que M. Cuvier a nommés *Gastropodes,* dans la subdivision desquels on a le plus varié.

N'admettant pas d'une manière rigoureuse les subdivisions premières du règne animal, auxquelles ce savant zoologiste a donné, dans ces derniers temps, le nom d'*Embranchement,* et que M. de Blainville avait déjà cru désigner sous le nom de *Type nerveux,* dans les généralités du cours de Zoologie fait à l'Athénée en 1811, il pense que les animaux assez généralement compris sous le nom de mollusques, doivent être, d'après la forme du système nerveux et les organes de la locomation, ou mieux d'après la forme du corps considérée en général, subdivisés en trois groupes primaires.

Le premier qu'il nomme avec M. Cuvier *Embranchement* ou *Type* des mollusques.

Et les deux autres ne formant que ce qu'il a cru devoir désigner sous le nom de *Sous-Types,* dans une nouvelle manière d'envisager tout le règne animal dont il a fait le sujet d'un mémoire particulier, et qu'il se propose de publier incessamment ; c'est-à-dire des animaux dont le système nerveux et la forme générale du corps sont réellement intermédiaires à deux types d'organisation. Les deux sous-types dont il est ici question, sont le premier les *Articulo-Mollusques*, et le second les *Mollusc-Articulés*, noms composés de ceux des types auxquels ils sont intermédiaires.

Le type des mollusques proprement dits est ensuite partagé en deux seules subdivisions secondaires ou *classes*, d'après la présence ou l'absence de la tête, comme l'a déjà fait M. de Lamarck, c'est-à-dire en mollusques *Céphalés* et en mollusques *Acéphalés*. Mais à ce seul caractère dont on a tiré le nom de la classe, s'en joignent beaucoup d'autres au moins aussi importans que M. de Blainville énumère et qu'il serait trop long de rapporter ici.

Prenant ensuite la première classe de ces mollusques, pour y établir les subdivisions tertiaires, il prend en considération les organes de la respiration qui lui ont paru entraîner avec eux le plus de rapports vraiment naturels; mais ce n'est pas d'abord à la position ni à la forme de ces organes qu'il s'arrête, comme l'ont fait jusqu'à présent les plus célébres zoologistes, mais à leur disposition qui peut être symétrique ou non, ce qui se trouve fort heureusement concorder avec la forme symétrique ou non des corps protecteurs, ou coquilles qui se trouvent le plus souvent à l'extérieur dans ces animaux, mais dans des degrés différens de développement.

Ainsi la classe des mollusques Céphalés est divisée en deux sous-classes ou sections.

1°. Les mollusques Céphalés à organes de la respiration et à corps protecteurs ou coquilles symétriques quand il y en a.

2°. Les mollusques Céphalés à organes de la respiration et à coquilles non-symétriques.

Les ordres qu'il établit ensuite dans chacune de ces sous-classes, le sont sur la position, la forme et l'usage des organes de la respiration, c'est-à-dire constamment sur le même organe, d'où il a pu tirer une terminologie entièrement semblable; c'est ce qui l'a porté à proposer de changer quelques noms, quoique reçus d'après de grandes autorités.

Son premier ordre dans la première sous-classe est celui pour lequel il propose le nom de *Cryptodibranches*, ce qui veut dire double branchie cachée; le caractère principal de cet ordre est effectivement d'avoir ces organes pairs bien complètement symétriques et cachés dans une large excavation entre le corps proprement dit et la peau ou le manteau, qui alors est entièrement ouvert antérieurement pour permettre au fluide ambiant de parvenir jusqu'à l'organe respiratoire.

C'est à cet ordre que MM. Cuvier et de Lamarck ont donné le nom de *Céphalopodes* tiré de la disposition et de l'usage supposé des tentacules qui couronnent la tête, mais qui a du être changé pour plusieurs raisons que rapporte M. de Blainville dans son Mémoire.

Le second ordre est nommé par lui *Ptérobranches*, c'est-à-dire à branchies servant d'ailes (1); quoiqu'il ne soit pas tout à fait exclusif, ce nom indique cependant assez bien le principal caractère de cet ordre, qui est d'avoir les organes de la respiration à peu près comme dans le précédent, mais sorties hors du manteau qui est alors fermé et servant de nageoires. Il correspond à la famille des *ptéropodes* de MM. Cuvier et de Lamarck en en retranchant le genre *hyale* et peut-être le *pneumoderne* que M. de Blainville, dans un mémoire particulier sur cet ordre lu devant la Société Philomatique, regarde comme appartenant à la classe des mollusques Acéphalés.

Le troisième est celui des *Nucléobranches;* son caractère essentiel est d'avoir les organes de la respiration à la partie supérieure et moyenne du dos, formant avec le cœur une sorte de noyau, disposition qu'on a voulu indiquer dans sa dénomination. Il comprend des genres que MM. Lesueur et Péron avaient cru devoir réunir à la famille des ptéropodes, mais bien à tort, et dont M. de Lamarck a fait le premier un ordre distinct sous le nom d'*Hétéropodes.*

M. de Blainville donne au quatrième ordre le nom de *Polybranches,* voulant indiquer par-là que les organes de la respiration sont subdivisés en un assez grand nombre de petites branchies; mais son caractère principal est réellement d'avoir ces organes disposés sur deux rangs, de chaque côté du corps de l'animal et tout-à-fait à découvert, ce que M. Cuvier a désigné sous le nom de *Nudibranches,* qui pourrait même être conservé sans inconvénient.

Les genres qu'il devra renfermer sont les mêmes que ceux que M. Cuvier y place, si ce n'est le genre *Doris* que M. de Blainville range dans un ordre particulier; ils peuvent être subdivisés en deux petites familles bien naturelles dont il indique les caractères.

Quoique M. de Blainville conserve au cinquième ordre de ces mollusques Céphalés, un nom imaginé par M. Cuvier; il n'y range pas tout-à-fait les mêmes genres. Ainsi, sous le nom d'*Inférobranches,* c'est-à-dire de mollusques dont les branchies sont inférieures et dont le caractère le plus général est d'avoir ces organes en forme de petites lamelles rangées à la file les unes des autres sous le rebord du manteau débordant le pied de toute part, il ne range, ni le *pleurobranche* dont les branchies ne sont pas symétriques, encore moins les Oscabrions qu'il ne regarde pas comme de véritables mollusques et dont il sera parlé plus bas, ni même les genres Fissurelle, Emarginule, Scutifère, tous démembrés du genre Patelle de *Linné,* qui ont une forme et

---

(1) Peut-être devra-t-on préférer celui de *Ptéodibranche,* qui indique que les branchies servant de nageoires ne sont qu'au nombre de deux.

une position de branchies toutes différentes de ce qui a lieu dans celui-ci et dont M. de Blainville forme son sixième ordre, sous le nom de *Cervicobranches*. Son caractère principal est d'avoir les branchies symétriques doubles en forme de peigne, et placées sur la partie antérieure et supérieure du dos, ou mieux sur le cou.

Enfin, son dernier ordre de mollusques Céphalés symétriques, est celui auquel il donne le nom de *Cyclobranches*, ce qui indique la disposition des branchies rangées en cercle autour d'un centre commun, soit qu'elles soient externes ou internes. Cet ordre est nouveau et formé avec deux genres connus, les *doris* et les *onchidies*, et un troisième que M. de Blainville fait connaître pour la première fois.

La seconde sous-classe des animaux mollusques Céphalés, c'est-à-dire à organes de la respiration et à coquilles non-symétriques, est également subdivisée d'après la disposition des organes de la respiration.

Le premier ordre correspond en très-grande partie à celui des mollusques gastéropodes pulmonés de M. Cuvier, sauf le genre *Onchidie*, dont nous venons de parler. Son caractère le plus remarquable est d'avoir l'organe de la respiration formé par une véritable cavité pulmonaire, ne respirant que de l'air en nature; d'où M. de Blainville a tiré le nom de *Pulmo-branches*.

L'ordre second a un nom imaginé par M. Cuvier pour des mollusques dont les organes de la respiration sont non-symétriques, et plus ou moins recouverts par une sorte d'opercule, c'est celui des *Tectibranches*. Il y place les mêmes genres que M. Cuvier, et anciennement connus, une couple de genres nouveaux, et peut-être le genre *pleurobranche*, qui cependant, comme il le fait observer, pourrait former un ordre particulier.

Le troisième ordre de cette sous-classe, et de beaucoup le plus nombreux, renferme tous les animaux mollusques non-symétriques, dont l'organe respiratoire a la forme d'un peigne, d'où M. Cuvier, qui l'a établi, a tiré le nom de *Pectinibranches* que lui conserve M. de Blainville, tout en avertissant qu'il n'est pas exclusif, puisque nous avons déjà vu dans la section des mollusques céphalés symétribranches, l'ordre des *Cervicobranches*, dont les branchies ont la même forme.

Comme cet ordre est fort nombreux, il propose de le subdiviser, comme l'ont fait presque tous les auteurs, d'après la disposition et la forme du bord antérieur du manteau et de la coquille, en trois grandes familles;

1.° A ouverture large et entière (1).

---

(1) Il place d'une manière définitive, dans cette famille, le genre *sigaret*, et en retire la Navicelle de M. de Lamarck, qui lui semble trop parfaitement régulière pour que l'animal ne soit pas un *cervicobranche*.

2.° A bord antérieur de la cavité branchiale prolongée en tube, ne correspondant qu'à une simple échancrure de la coquille.

3.° A bord antérieur du manteau comme dans la famille précédente, mais concordant avec un tube plus ou moins long de la coquille.

La deuxième classe du type des véritables mollusques, ou celle des *Acéphalés*, peut aussi, d'après notre auteur, être subdivisé en deux premières sections ou sous-classes, d'après la régularité ou l'irrégularité des organes respiratoires; les mollusques Acéphalés à branchies symétriques et ceux à branchies non-symétriques.

La première sous-classe est ensuite sous-divisée en deux ordres et pourrait l'être en trois.

Le premier, qui comprend les genres *Lingule*, *Térébratule*, *Orbicule* et de plus très-probablement les *Hyales* et peut-être même le *pneumoderne*, comme M. de Blainville croit l'avoir démontré dans son mémoire particulier sur la famille des ptéropodes de Péron, a ses branchies paires, fort régulières , attachées sur les faces du manteau sans former de lames distinctes, d'où notre auteur a tiré le nom de *Palliobranches*, pour désigner cet ordre auquel M. Cuvier, en le formant , avait donné le nom de *Brachiopodes*.

Le deuxième correspond à l'ordre des Acéphalés de M. Cuvier, mollusques, qui, outre un très-grand nombre de caractères moins importans ont tous celui d'avoir les branchies, sous forme de doubles lames de chaque côté du corps, entre lui et le manteau, d'où M. de Blainville a cru devoir tirer la dénomination de *Tétrabranches* qu'il propose pour la désigner.

Comprenant un très-grand nombre de genres qu'il a fallu chercher à diviser en familles, il croit que dans l'état actuel de la science, les divisions peuvent porter sur la disposition du manteau, à-peu-près comme on l'a fait pour les mollusques céphalés pectinibranches. Les familles qu'il propose, d'après l'ouverture plus ou moins grande du manteau , répondent à peu près aux genres établis par Poli, il en donne successivement les caractères; nous nous contenterons, afin d'abréger , de les énoncer ici; ce sont : les *ostracées*, les *anomiés*, les *subostracées*, les *mytilacées*, les *arcacées*, les *lymnacées*, les *cardiacées*, les *tellinacées*, les *pholadacées*, les *tubulacées*.

Le groupe qui vient ensuite est celui qui comprend les *Ascidies*: quoique ces animaux aient évidemment les plus grands rapports avec l'ordre précédent et surtout avec les pholades; l'adhérence presque constante du pied, l'absence de coquille ont dû le déterminer à les séparer un peu plus complètement, en en formant au moins un sous-ordre dans le précédent, auquel on pourra donner la dénomination de *mollusques acéphalés tétrabranches nus.*

Enfin le type des véritables mollusques, se termine dans la méthode

proposée par M. de Blainville, par la sous-classe des mollusques Acéphalés à branchies non-symétriques, qui ne renferme qu'un ordre et
mieux, qu'un genre qui est celui des *Biphores*, évidemment rapproché
du groupe précédent, mais qui cependant en est extrêmement distinct
par beaucoup de points de l'organisation, que M. de Blainville fait
connaître avec soin.

Après avoir ainsi terminé ce qui regarde les subdivisions secondaires
et tertiaires à introduire dans le type des véritables animaux mollusques,
M. de Blainville parle de ce qu'il a cru devoir nommer *sous-types*,
d'après des considérations qu'il serait trop long de donner ici, sur-tout
parce qu'il se propose de le faire incessamment d'une manière détaillée dans le mémoire sur une nouvelle manière d'envisager le règne
animal dont il a été parlé plus haut.

Le premier de ces *sous-types* a été depuis long-temps établi par M. de
Lamarck en classe distincte sous le nom de *Cirrhipèdes*, ce qui indique
réellement un des caractères les plus remarquables des animaux qu'elle
renferme. Dans sa méthode, M. de Blainville propose celui de *Mollusc-
articulés*, ce qui indique des animaux intermédiaires aux deux types
des *animaux mollusques* et des *animaux articulés*, et cependant plus rapprochés du premier. Il donne les raisons sur lesquelles il s'appuie pour
adopter cette opinion, qui au reste est celle de MM. Cuvier et de Lamarck,
mais qu'il serait trop long de détailler ici.

Enfin le deuxième *sous-type* comprend des animaux que les zoologistes les plus systématiques, comme Linné et son école avaient, suivant M. de Blainville, mieux placés que les méthodistes les plus modernes, ce sont les oscabrions (*chiton*) que les Linnéens, portant leur
première attention sur le nombre des pièces de la coquille, avaient en
effet rangés sous le nom de *multivalves* avec les animaux du sous-type
précédent, tandis que MM. Cuvier, de Lamarck et les imitateurs de ces
célébres zoologistes, les mettent avec les patelles. M. de Blainville propose de désigner ce sous-type, sous le nom d'*articulo-mollusques*, se
réservant de faire connaître dans un mémoire particulier, les raisons
tirées de l'anatomie comparée de ces animaux, sur lesquelles il établit
son opinion. Il se borne à avancer que la disposition du système nerveux, n'est ni celle des mollusques, ni celle des animaux articulés ;
ce qu'il était pour ainsi dire aisé de deviner *à priori* par la forme
articulée du corps, sur-tout à la partie supérieure.

1814.

*Recherches sur l'Apoplexie ; par S. A. Rochoux, docteur en mé-
decine, médecin du gouvernement à la Martinique, associé
correspondant de la Société de la Faculté de médecine de
Paris, aide d'anatomie à la même faculté et interne à la
maison de Santé du faubourg Saint-Martin. 1 vol. in-8° ; à Paris,
chez Méquignon-Marvis, rue de l'Ecole de Médecine, n° 9.*

MÉDECINE.

Ouvrage nouveau.

La connaissance de l'apoplexie remonte à la plus haute antiquité. La
fréquence de cette maladie, son invasion subite et inopinée, les in-
firmités affligeantes qui en sont souvent la suite, plus souvent encore la
mort qu'elle produit tout-à-coup, ont dû en faire pour l'homme
un objet d'épouvante. Les mêmes raisons ont dû en faire pour les
médecins un sujet d'études et de méditations ; aussi, dans tous les
temps, y ont-ils attaché beaucoup d'importance ; et presque tous
les auteurs de quelque mérite qui ont écrit sur la médecine, ont traité
de l'apoplexie d'une manière plus ou moins spéciale. Il semblerait
donc que l'apoplexie ne peut manquer d'être une maladie bien connue,
dont les causes, les symptômes, les caractères nosologiques sont nettement déterminés, qu'il n'y a aucune incertitude sur les moyens de
la prévenir et de la traiter, et cependant, si l'on parcourt les auteurs qui
en ont parlé, on est loin d'arriver à ce résultat ; non-seulement ils
varient sur les divers moyens à employer, soit pour prévenir, soit pour
traiter cette maladie ; mais ils ne s'entendent même pas sur le sens
qu'on doit attacher au mot apoplexie, dont la signification est très-
restreinte pour les uns, tandis qu'elle est fort étendue pour les autres.
C'est pour faire cesser ces incertitudes et pour fixer l'idée qu'on
doit attacher au mot apoplexie, qu'a écrit l'auteur du livre que nous
annonçons.

L'ouvrage est divisé en cinq chapitres : le premier, destiné à tracer
l'histoire de l'apoplexie, est divisé en deux sections : la première, qui a
pour objet l'apoplexie dans son état de simplicité, se compose de quatre
articles : le premier contient les observations particulières, le second,
la description générale de la maladie ; le troisième renferme des réflexions
sur les symptômes ; le quatrième présente des réflexions sur les lésions organiques qu'elle produit. La seconde section traite des complications les plus ordinaires de l'apoplexie ; dans des articles différens
sont exposées les complications 1.° avec épanchement séreux dans
les ventricules du cerveau, 2.° avec le ramollissement de cet organe.
Dans un troisième article on trouve des réflexions sur ces deux maladies, considérées seulement comme consécutives.

Le second chapitre est consacré à faire connaître les circonstances où le diagnostique de la maladie est facile ou difficile, ou même suivant l'expression de l'auteur, tout-à-fait impossible. Un article a pour objet les maladies dont le siége est dans le crâne, et qui simulent l'apoplexie; un autre article traite des maladies qui ont un siége différent des précédentes et qui produisent cependant les mêmes effets. L'auteur examine encore dans ce chapitre les circonstances dans lesquelles il est impossible de prononcer sur la nature de la maladie, soit parce que ses symptômes sont peu tranchés, soit parce que d'autres maladies se dérangent de leur marche ordinaire de manière à induire en erreur.

Le troisième chapitre traite du siége de l'apoplexie, deux sections le composent. Dans la première, l'auteur traite particulièrement du siége de la maladie; dans la seconde, il présente des réflexions physiologiques sur les conséquences qu'on peut déduire des faits contenus dans la première section, relativement au système de Gall.

Le quatrième chapitre renferme l'histoire des causes de l'apoplexie, la première section comprend les causes prédisposantes, la seconde les causes efficientes. Chacune de ces sections est divisée en deux articles, où sont exposés 1.º les opinions des auteurs; 2º. des remarques critiques sur ces opinions. Une marche fort analogue a été suivie par l'auteur, dans le cinquième chapitre qui a pour objet le traitement de l'apoplexie. Une première section est consacrée au traitement curatif, une seconde traite du traitement préservatif.

L'ouvrage dont nous venons d'indiquer le plan est remarquable par le grand nombre de faits importans qu'il contient, par la logique sévère qui y règne, la nouveauté de plusieurs vues; et si maintenant les médecins ne s'accordent point sur la valeur du mot apoplexie, ainsi que sur lesmoyens de guérir et de prévenir les maladies qu'il faut désigner par ce nom, ce ne sera pas la faute de M. Rochoux.

F. M.

Notice sur un poisson célèbre, et cependant presque inconnu des auteurs systématiques, appelé sur nos côtes de l'océan Aigle ou Maigre, et sur celles de la Méditerranée, Umbra, Fegaro et Poisson Royal, avec une description abrégée de sa vessie natatoire ; par M. G. Cuvier.

Zoologie.

Mém. du Mus. d'Hist. nat., 1er cahier.

Dans ce Mémoire, M. Cuvier propose aux naturalistes de rétablir le genre Sciène (*Sciena*) tel qu'il avait été fondé par Artedi. Il le compose des espèces suivantes : 1º. le *coracin, corp.* ou *corbeau* (*sciœna nigra*); 2°. le *daine (sc. Cirrhosa)*; 5°. le *maigre*, *aigle*, *umbra*, *fegaro* ou *poisson royal* (sc. *umbra*); 4°. les premiers *johnius* de Bloch; 5°. le *lonchurus barbatus* de Bloch; et 6°. le *pogonias fascé* de Lacepède.

Il pense néanmoins que ces deux derniers et le sc. *cirrhosa*, devront être considérés comme des sous-genres dans le grand genre *Sciœna* tel qu'il le compose.

Tous les poissons du genre *Sciœna* ont en commun, leur forme générale, leur tête renflée et mousse, écailleuse partout et composée d'os caverneux ou relevés de parties saillantes. Leur mâchoire inférieure percée de pores très-apparens; leur seconde dorsale très-longue, jointe à la première qui est épineuse; l'anale courte ; leur estomac en long cul de sac; leurs *cœcums* au nombre de dix ou douze ; leur vessie natatoire grande et garnie le plus souvent d'appendices latéraux plus ou moins nombreux et compliqués; leurs grosses pierres d'oreilles, connues dans l'ancienne pharmacie, sous le nom de *pierres de colique* et qu'on portait au col pour prévenir ou guérir cette maladie, etc.

Quant aux caractères spécifiques propres au maigre (*sc. umbra*), qui est l'objet principal de ce Mémoire, ils consistent principalement, dans sa grande taille (1 à 2 mètres), sa forme générale qui approche de celle de la carpe, son museau mousse et peu bombé, garni d'écailles , aussi bien que les joues et les opercules à l'exclusion des maxillaires et des intermaxillaires , l'absence de lèvres charnues ni simples ni doubles et de dents sur les os maxillaires, les palatins, le *vomer* et la langue, tandis que le bord de chaque mâchoire est garni d'une rangée de dents pointues et un peu crochues, avec une seconde rangée de dents beaucoup plus petites derrière les premières, à la mâchoire supérieure et placées entre celles-ci à la mâchoire inférieure. (Le *Cirrhosa* et le *corp* ont les dents en velours, avec une rangée extérieure de dents plus forte chez les vieux individus de la dernière espèce.)

Dans le maigre on remarque encore trois pores enfoncés, de chaque côté de la mâchoire inférieure, près de la symphise. La membrane des ouies a sept rayons dont les trois derniers très-gros. Les os sous-orbitaires sont peu considérables et fort loin de couvrir les joues. Le préopercule a son bord dentelé dans la jeunesse, ce qui disparaît avec l'âge. L'œil est grand avec l'iris argenté. La première dorsale a neuf rayons épineux, dont le troisième est le plus élevé; la seconde dorsale en a de 27 à 30, dont le premier seul est épineux. Ces deux nageoires se touchent et leur membrane se continue de l'une à l'autre. Les pectorales ont 16 rayons, et les ventrales 6, dont un seul épineux : leur étendue est médiocre. L'anale est petite, a 9 rayons, dont un seul épineux, mais fort peu épais (dans le *corp* on trouve toujours au contraire deux très-fortes épines à la nageoire anale.) La caudale a 17 rayons branchus;

son bord postérieur est à peu près rectiligne : dans ce poisson les écailles sont obliques, ce qui est très-apparent.

La couleur du maigre est le gris argenté, plus brun vers le dos. La première dorsale, les pectorales et les ventrales sont d'un assez beau rouge ; les autres nageoires sont d'un brun rougeâtre (dans le *corp* toutes les nageoires sont noires.) ; la ligne latérale est droite et se prolonge jusqu'au bout de la nageoire caudale.

On compte dans son squelette 24 vertèbres dont 12 appartiennent à la queue ; 11 paires de côtes qui ne se réunissent pas en dessous, 10 cœcums à l'origine du canal intestinal, 1 vessie natatoire très-compliquée dont M. Cuvier donne la description et la figure, laquelle présente principalement 36 productions branchues de chaque côté, communiquant par autant de trous avec l'intérieur de la vessie, et dont le plus grand nombre (les plus petites ou les postérieures) sont engagées dans un tissu cellulaire épais, rougeâtre et d'apparence glanduleuse, etc.

Voici la synonymie exacte de cette espèce, *Umbrina,* Salvien, fol. 115. — *Peis-rei,* Rondel. fol. 155. — Sans doute le *latus* de la Méditerranée, de Strabon et d'Athénée.— *Umbra,* Belon, pag. 117 et 119. — Duhamel, (pêches 11e. part., sect. VI, pag. 157, pl. 1 fig. 3.) — Aigle des pêcheurs de Dieppe en 1813. — *Cheilodiptère Aigle,* Lacepède, suppl. tom. V, p. 685. — Perca *Labrax* (descript. de la vessie aérienne) Cuvier, leç. d'anat. comp. t. V. p. 278..) — *Perseque Vanloo* (Fégous) Risso, icht. de Nice, p. 298, pl. IX f. 30. — *Umbrina* des Romains, en 1814.

Toutes les autres descriptions de ce poisson données par les auteurs, sont inexactes en ce qu'elles se compliquent souvent de traits caractéristiques propres aux deux autres espèces de sciènes, le *corp* et le *cirrhosa.* Willughby, Rai, Artedi et Linné ont principalement jeté beaucoup de confusion dans l'histoire de ces trois poissons.

On trouve les maigres également dans la Méditerranée et dans l'Océan. Cependant leur patrie paraît être la région méridionale de la Méditerranée, car on ne les pêche jamais que lorsqu'ils ont atteint un certain volume sur les côtes de France et d'Italie ; et ceux que l'on prend aussi sur nos côtes du nord ou de l'Ouest, sont de très-grande taille : sa chair était très-estimée en France au seizième siècle, et à Rome, sous Sixte IV. Au sujet de ce poisson, M. Cuvier rapporte, d'après Paul Jove, une anecdote très-plaisante sur un parasite Romain, nommé *Tamisio.* Maintenant le *maigre* est fort peu estimé, et à peine en paraît-il un ou deux individus par an, chez les marchands de comestibles de Paris.

A. D.

Mémoire sur les intégrales définies ; par M. CAUCHY.

MATHÉMATIQUES.

Institut.
22 août 1814.

LA considération des intégrales doubles est un moyen que les géomètres ont souvent employé, soit pour trouver les valeurs des intégrales définies, soit pour les comparer entre elles. M. Laplace s'en est d'abord servi dans son Mémoire sur les fonctions de grands nombres; M. Legendre, dans la première partie de ses Exercices de Calcul intégral; et j'ai eu aussi plusieurs fois l'occasion d'en faire usage. C'est sur cette considération qu'est fondée la première partie du Mémoire de M. Cauchy. Il prend une fonction de y, que je désignerai par Y; il y met, à la place de y, une autre fonction de deux variables x et z; et il observe qu'on a identiquement:

$$\frac{d\left(Y\,\frac{dy}{dx}\right)}{dz} = \frac{d\left(Y\,\frac{dy}{dz}\right)}{dx};$$

d'où il résulte, en multipliant par $dx\,dz$, et prenant ensuite l'intégrale double,

$$\int Y\,\frac{dy}{dx}.\,dx = \int Y\,\frac{dy}{dz}.\,dz.$$

Ces intégrales sont indéfinies; mais si l'on suppose que l'intégrale relative à x est prise depuis $x = a$ jusqu'à $x = a'$, et l'intégrale relative à z, depuis $z = b$ jusqu'à $z = b'$; que de plus on fasse

$$Y\,\frac{dy}{dx} = f\,(x,\,z), \quad Y\,\frac{dy}{dz} = F\,(x,\,z),$$

l'équation précédente deviendra, en passant aux intégrales définies,

$$\int f\,(x,\,b')\,dx - \int f\,(x,\,b)\,dx = \int F\,(a',\,z)\,dz - \int F\,(a,\,z)\,dz. \quad (1)$$

Elle établit, comme on voit, une relation entre quatre intégrales définies différentes, qui peut servir à leur détermination; mais M. Cauchy montre, en outre, comment on peut la partager en plusieurs autres équations, ce qui donne le moyen d'en tirer un plus grand avantage. D'abord il suppose que la fonction prise pour y, soit de la forme $y = m + n\sqrt{-1}$; l'équation (1) contient alors une partie réelle et une partie imaginaire; elle se subdivise donc en deux autres, que l'auteur décompose de nouveau, par un moyen que nous ne pouvons pas indiquer ici. Comme on peut prendre pour Y telle fonction de y qu'on veut, et y substituer ensuite, à la place de y, une infinité d'expressions différentes, il semble que l'équation (1) et celles qui s'en déduisent devraient déterminer quelques intégrales nouvelles; mais parmi les nombreux exemples que l'auteur a rassemblés dans la première partie de son Mémoire, je n'ai remarqué aucune intégrale qui ne fût pas déjà connue, ce qui tient sans doute à ce que son procédé, quoique très-général et très-uniforme, n'est pas essentiellement distinct de ceux qu'on a employés jusqu'ici.

Voici un des résultats les plus généraux qu'il obtient. Soit V une fonction de x; suppossons qu'en y substituant $(a + b\sqrt{-1})x$ à la place de cette variable, elle devienne $P + Q\sqrt{-1}$; supposons aussi que les produits $P x^n$ et $Q x^n$ soient nuls, pour les valeurs $x = 0$ et $x = \frac{1}{0}$; en prenant les intégrales entre ces limites, et en faisant, pour abréger,

$$r = \sqrt{a^2 + b^2}, \quad a = r \cos. \theta, \quad b = r \sin. \theta,$$

M. Cauchy trouve qu'on a, en général,

$$\int P x^{n-1} dx = \frac{\cos. n\theta}{r^n} \int V x^{n-1} dx,$$

$$\int Q x^{n-1} dx = \frac{\sin. n\theta}{r^n}. \int V x^{n-1} dx.$$

On obtient immédiatement ces formules par la simple observation qu'en substituant $(a + b\sqrt{-1})x$ à la place de x, les limites de l'intégrale restent les mêmes; de sorte qu'on a

$$\int V x^{n-1} dx = (a + b\sqrt{-1})^n . \int (P + Q\sqrt{-1}) x^{n-1} dx;$$

mettant pour a et b leurs valeurs, et partageant cette équation en deux autres, on trouve les formules citées; mais par la manière dont M. Cauchy y parvient, on voit que ces formules sont sujettes à des conditions relatives aux valeurs extrêmes de $P x^n$ et $Q x^n$, et à quelques autres exceptions; ce qui prouve que l'emploi du facteur imaginaire $a + b\sqrt{-1}$ n'est pas toujours légitime.

Dans la seconde partie de son Mémoire, M. Cauchy observe que l'équation (1) est quelquefois en défaut, et que cela arrive quand les fonctions comprises sous le signe $\int$ deviennent $\frac{0}{0}$ pour des valeurs de x et de z comprises entre les limites de l'intégration. En effet, on sait qu'une fonction de deux variables qui se présente sous cette forme est réellement indéterminée; elle est susceptible d'une infinité de valeurs différentes, et elle en prend deux, qui ne sont pas les mêmes, lorsqu'on y substitue dans deux ordres différens les valeurs particulières des variables qui la rendent $\frac{0}{0}$. Si donc on a une intégrale

$\int\!\!\int \phi(x, z)\, d\, x d\, z$, et que $\phi(x, z)$ passe par l'indéterminé pour des valeurs $x = a$ et $z = c$, comprises entre les limites de l'intégration, il arrivera que l'élément $\phi(a, c)\, d x\, d z$, qui leur correspond, aura deux valeurs différentes, selon qu'on y fera d'abord $x = a$ et ensuite $z = c$, ou selon que l'on commencera par $z = c$; donc l'intégrale double, qui est la somme de tous les élémens, n'aura pas non plus la même valeur, selon que l'on commencera l'intégration par rapport à l'une ou à l'autre variable; donc aussi les deux membres de l'équation (1) pourront quelquefois n'être pas égaux, puisqu'ils représentent les résultats d'une intégration double, faite dans deux ordres différens.

A cette remarque de M. Cauchy, on doit ajouter qu'au moins l'une des deux valeurs de $\phi(x, z)$, correspondantes à $x = a$ et $z = c$, doit être infinie; car si elles étaient toutes deux finies, on pourrait négliger l'élément $\phi(a, c)\, d x\, d z$, sans que l'intégrale $\int\!\!\int \phi(x, z)\, d x\, d z$ en fût altérée; et alors sa valeur serait encore la même, quoiqu'on eût effectué l'intégration dans deux ordres différens.

M. Cauchy, après avoir indiqué les cas où l'équation (1) devient fautive, détermine la quantité A, qu'il faut alors ajouter à l'un de ses deux membres pour rétablir l'égalité. Il fait voir qu'elle est exprimée par une ou plusieurs intégrales simples, d'une espèce particulière, et qu'il nomme *intégrales singulières*. Ce sont des intégrales prises dans un intervalle infiniment petit, et effectuées sur une fonction contenant elle-même une quantité infiniment petite, qu'on ne doit supprimer qu'après l'intégration. Ces intégrales ne se présentent pas ici pour la première fois; on en rencontre une semblable dans le problême d'un corps pesant sur une courbe donnée, lorsque le mobile approche d'un point où la tangente est horizontale: s'il en est à une distance infiniment petite, et que sa vitesse soit nulle, le temps qu'il emploie pour l'atteindre tout-à-fait, a une valeur finie qui est déterminée par une intégrale de l'espèce dont nous parlons. Le propre de ces intégrales est d'être indépendantes de la forme de la fonction soumise à l'intégration; ainsi, dans l'exemple que nous citons, la valeur du temps ne dépend pas de l'équation de la courbe, mais seulement de la longueur du rayon de courbure au point que l'on considère; et c'est une circonstance semblable qui permet à M. Cauchy de donner sous une forme très-simple la valeur générale de la quantité A.

Ce que le Mémoire dont nous rendons compte contient, selon nous, de plus curieux, c'est l'usage que l'auteur fait des intégrales qu'il nomme *singulières*, pour exprimer d'autres intégrales prises entre des limites finies. Il parvient ainsi à plusieurs résultats déjà connus. Cette manière indirecte de les obtenir ne doit pas être préférée aux méthodes ordinaires, mais elle n'en est pas moins très-remarquable, et digne de l'attention des géomètres. Il obtient par ce moyen les valeurs de quelques intégrales qu'on n'avait pas encore explicitement considérées, mais qui rentrent dans d'autres intégrales déjà connues, ou qui s'en déduisent assez facilement. Par exemple, M. Cauchy donne la valeur de l'intégrale

$$\int \frac{\cos. \, b\,x}{\cos. \, a\,x} \cdot \frac{d\,x}{1+x^2},$$

prise depuis $x = 0$ jusqu'à $x = \frac{1}{0}$; or elle est comprise dans celle-ci :

$$\int \frac{\sin. \, c\,x. \sin. \, 2\,a\,x}{(1 + 2\,\alpha. \cos. \, 2\,a\,x + \alpha^2)} \cdot \frac{d\,x}{1+x^2},$$

dont on obtient la valeur en la reduisant en série suivant les puissances de α, ainsi que M. Legendre l'a pratiqué relativement à une intégrale un peu moins générale (*). L'intégrale de M. Cauchy se déduit de celle que nous citons, en y supposant $\alpha = 1$, $c = a + b$, et faisant ensuite les réductions convenables.   P.

⁓⁓⁓⁓⁓⁓⁓⁓⁓⁓

Recherches expérimentales et mathématiques sur les mouvemens des molécules de la lumière autour de leur centre de gravité ; par M. Biot. 1 vol. in-4.° ; chez Firmin Didot.

Ouvrage nouveau.

Cet ouvrage renferme les divers Mémoires que M. Biot a lus à l'Institut, sur la polarisation de la lumière pendant les années 1812 et 1813. Il y a joint une exposition générale de ce genre de phénomènes, dans laquelle il rappelle d'abord les belles découvertes de Malus, et celles des divers autres physiciens. Il les présente dans l'ordre le plus propre à établir une liaison entre elles, et avec tous les détails nécessaires pour qu'on puisse en répéter les expériences et en saisir les résultats ; de sorte qu'on peut regarder ce volume comme renfermant tout ce qu'on sait aujourd'hui sur cette partie si nouvelle et si importante de l'optique.

(*) Exercices de calcul intégral, quatrième partie, page 123.

⁓⁓⁓⁓⁓⁓⁓⁓⁓⁓

Moyennes des observations du baromètre et du thermomètre, faites à la Havane pendant les années 1810, 1811 et 1812 ; communiquées par don JOSE JOAQUIN de FERRER, *correspondant de l'Institut.*

	Baromètre.	Thermomètre centigrade.
Janvier........	0,^{m}7680. 9.	21,°1.
Février........	0, 7630. 1.	22, 2.
Mars..........	0, 7632. 8.	24, 3.
Avril.........	0, 7630. 1.	26, 1.
Mai...........	0, 7619. 9.	28, 1.
Juin..........	0, 7645. 3.	28, 4.
Juillet........	0, 7645. 3.	28, 5.
Août..........	0, 7612. 5.	28, 8.
Septembre.....	0, 7609. 8.	27, 8.
Octobre.......	0, 7617. 4.	26, 4.
Novembre.....	0, 7645. 3.	24, 2.
Décembre.....	0, 7665. 6.	22, 1.

La plus petite hauteur du baromètre, pendant ces trois années, eut lieu le 25 octobre 1810, et était égale à 0,^{m}7447,2; on observa la plus grande hauteur le 20 février 1811, et elle fut de 0,^{m}7822,6. La différence entre ces deux nombres ou 0,^{m}03754, est la plus grande variation barométrique qu'on ait jamais observée dans cette île.

Les deux extrêmes du thermomètre ont été observés les 14 août et le 20 février 1812. A la première de ces deux époques, le thermomètre s'était élevé à 30°,0 ; et à la seconde il était descendu à 16°,4.

Dans un puits de 100 pieds de profondeur, le thermomètre se soutient, dans l'air, à 24°,4 ; en contact avec l'eau, il marque 0°,8 de moins.

Ces observations ont été faites avec des baromètres anglais et des thermomètres de Farenheit; mais nous avons tout réduit à l'échelle centigrade, afin que le lecteur puisse plus facilement comparer ces résultats avec ceux que nous avons insérés dans une des précédentes livraisons.

A.

TABLE

des noms des Auteurs des Mémoires ou Articles dont on a donné les extraits, et renvoi à ces extraits.

ERRATA ET ADDITIONS.

Pages   5 , à la marge, 1812, *lisez* 1813.

     9, ligne 2 de la note , n° 76 , *lisez* n° 63.

     45, lignes 13 et 25, fig. 12, *lisez* fig. 11.

     154, ligne 5 , Woltdcottage , *lisez* Woldcottage.

     Ibid. , ligne 22, 1814, *lisez* 1803.

     109, ligne 13, après *alcalis* , *ajoutez* , par M. CHEVREUL.

     177 , ligne 1 de la note, *Ptééodibranche* , *lisez* *Ptérodibranche.*

EXPLICATION DES PLANCHES.

Planche Ire.

Fig. 1, Rissoa à côtes. *Rissoa costata.* Page 7.
2. R. ventrue. *R. ventricosa.* p. 8.
3. R. oblongue. *R. oblonga.* p. 7.
4. R. aiguë. *R. acuta.* p. 8.
5. R. treillissée. *R. cancellata.* p. 8.
6. R. transparente. *R. hyalina.* p. 8.
7. R. violette *R. violacea.* p. 8.
8. Paludine fossile d'auprès de Fribourg en Suisse. p. 16.
9. *Auricula myosotis* Drap. p, 17.
10. Ancyle des lacs. *Ancylus lacustris* Drap. p. 19.
11. Ancyle riverain. *Ancylus riparius* Desm. p. 19.
12. Ancyle fluviatile. *Ancylus fluviatilis* Drap. p. 19.
13. Ancyle épine de rose. *Ancylus spina rosœ.* Drap. p. 19.
14. Ancyle perdu. *Ancylus deperditus.* Desm. p. 19.
15. Planorbe régulier. *Planorbis regularis*, p. 15.
16. Callionyme Risso. *Callionymus Risso*, Le Sueur, p. 5., grandeur naturelle. — 16 *a*, aiguillons des opercules grossis. — 16 *b*, anus terminé en mamelon, avec un appendice.
17. Callionyme élégant. *Callionymus elegans*, Le Sueur, p. 6, grandeur naturelle. — 17 *a* aiguillons des ouies grossis.

Planche II.

Fig. 1. Flustre épaisse. *Flustra incrassata.* Page 53. *a* grandeur naturelle, *b* grossie.
2. Flustre mosaïque. *Flustra tessellata.* p. 53. *d* grandeur naturelle, *c* grossie.
3. Flustre crétacée. *Flustra cretacea. Ibid. e* grandeur naturelle, *f* grossie
4. Flustre en réseau *Flustra reticulata. Ibid. h.* grandeur naturelle, *g i* grossie.
5. Cellepore mégastome. *Cellepora megastoma.* p. 54. *k* gr. natur., *l* grossie.
6. Flustre bifurquée. *Flustra bifurcata.* p. 53. *n* gr. natur., *m* empreinte grossie, *o* vestige des cloisons.
7. Cellepore globuleuse. *Cellepora globulosa.* p. 54. *p* gr. natur., *q* grossie.
8. Flustre utriculaire. *Flustra utricularis.* p. 54. *r* grossie, *s* gr. natur.
9. Flustre à petite ouverture. *Flustra microstoma.* p. 54. *t* gr. natur. *u* grossie.
10. Flustre à cellules quarrées. *Flustra quadrata.* p. 54. *x* gr. natur. *v* grossie.
11. Cymothoée bopyroïde. *Cymothoa bopyroïdes.* Le Sueur. p. 45. A B C, individu femelle de grandeur naturelle, vu en dessus, en dessous et de profil; D une patte de la deuxième paire; E une patte de la sixième paire; F tête de l'animal; G sa bouche; H *a* Branchie; H *b* et K écailles qui protègent les branchies; H *c*, I *c*, K *c*, organe bisarticulé qui accompagne les branchies; L petits.
12. Coupe du terrain de la partie de la France comprise entre Guéret (Creuse) et Hirson (Aisne). *Voyez* page 25.

TABLE DES MATIÈRES.

HISTOIRE NATURELLE.

ZOOLOGIE.

BOTANIQUE ET PHYSIOLOGIE VÉGÉTALE.

MINÉRALOGIE ET GÉOLOGIE.

CHIMIE.

Fin de la Table des matières.